LE

GUIDE DE L'ÉLAGUEUR

DANS LES PARCS ET DANS LES FORÊTS

BIBLIOTHÈQUE DES PROFESSIONS INDUSTRIELLES ET AGRICOLES
Série II, N° 5.

LE GUIDE
DE L'ÉLAGUEUR

DANS LES

PARCS ET DANS LES FORÊTS

PAR

Amédée MORANGE

Élagueur-forestier

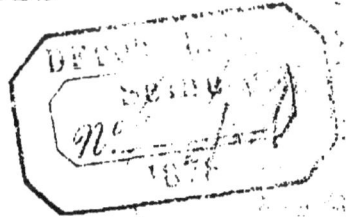

PARIS
LIBRAIRIE SCIENTIFIQUE, INDUSTRIELLE ET AGRICOLE
Eugène LACROIX, Imprimeur-Éditeur
Du Bulletin officiel de la Marine et de plusieurs Sociétés savantes
54, RUE DES SAINTS-PÈRES, 54

1878

INTRODUCTION

Cet ouvrage est une suite de notes prises d'après un travail et une expérience de vingt années; comme élagueur, forestier, il est essentiellement pratique et exempt de toute théorie.

A. M.

LE GUIDE DE L'ÉLAGUEUR

Élagages à la française.

Lors de la création des jardins symétriques du célèbre jardinier LENOTRE qui faisait disparaître la nature pour la remplacer par le travail de l'homme; massifs rectangulaires, jets d'eau, statues, etc., ce mode d'élagage avait sa raison d'être; il était en parfaite harmonie avec l'ensemble.

Les élagueurs montés sur une échelle à quatre roues terminée par une plate-forme, armés de faucilles à la main ou emmanchées au bout d'une longue perche, taillaient en brosse les arbres des avenues deux fois par an: à la fin de juin et au milieu d'août.

A cette dernière époque, il restait assez de sève pour fermer la cicatrisation de la dernière taille qui était ainsi garantie contre les rigueurs de l'hiver suivant. Dans l'intérieur des arbres aucune branche n'était coupée, de sorte que tout le feuillage y restait et que les *porteurs* ne pouvaient être atteints par les coups de soleil. On faisait un berceau assez élevé où l'air circulait librement, par l'amputation de fortes petites brindilles, les arbres ne souffraient pas assez pour que leur existence fût abrégée.

Cet élagage se pratiqua régulièrement jusqu'à la Ré-

1

volution, mais comme il revenait fort cher de tailler ainsi les arbres deux fois par an, les riches seigneurs de l'époque pouvaient seuls le faire appliquer.

Après la Révolution qui divisa ou anéantit les fortunes, un certain nombre de propriétaires ne firent plus du tout tailler; les autres ne le firent qu'une fois par année, le plus petit nombre, tous les deux ou trois ans. De nos jours ce mode d'élagage a complétement dégénéré. Il reste cependant encore un petit nombre de propriétaires qui le font pratiquer tous les sept ou huit ans; ce n'est plus le véritable élagage à la française, mais du *têtardage* puisque toutes les branches sont coupées de la même manière que les mûriers dans le Midi.

La première année de cet élagage, les arbres ne donnent aucun ombrage; la deuxième année, très-peu ; la troisième et jusqu'à la cinquième année, l'ombrage est tellement compacte, humide et malsain que les personnes qui viennent y chercher la fraîcheur en sortent souvent avec le germe d'un refroidissement.

Par suite de cet élagage aussi désastreux que vicieux, les racines n'ont plus leur voie de communication naturelle, les branches absorbent la sève que contiennent les racines, il en résulte pour celles-ci un engorgement que j'ai observé en faisant arracher des arbres pendant les quelques jours nécessaires à la sève pour faire son ascension. Il se forme de petits trous microscopiques et ensuite des ulcères par lesquels les insectes se nourrissent de la sève qui sort en décomposition.

A la poussée suivante si l'arbre est assez vigoureux, les racines se guérissent très-bien pour donner la deuxième année une vigoureuse poussée de nouvelles

branches, mais pour des arbres vieux ou malades; il y a
corrélation complète entre la racine et la branche. La
première étant asphyxiée par l'amputation de la dernière,
une partie des branches têtardes que l'on nomme *porteurs* meurent sur le même arbre, dépassent la verdure
et se montrent dans toute leur laideur, comme pour
protester contre leur mutilation. Celles qui appartiennent
à un arbre plus vigoureux et donnant de nouvelles branches, n'en subissent pas moins de graves conséquences,
privées qu'elles sont pendant une année du feuillage qui
les abritait contre l'ardeur du soleil oblique au couchant,
qui brûle l'écorce où les larves du cerf-volant et autres
coléoptères trouvent ensuite un abri et une nourriture
abondante. Ils perforent le bois en tout sens et y amènent
des caries en forme de gouttières qui conduisent et retiennent l'eau dans le tronc de l'arbre.

Il est facile de comprendre les suites funestes d'un
semblable élagage appliqué à des arbres qui se trouvent
ainsi attaqués de toutes parts. Sept ou huit ans après,
on *rabattra* de nouveau les branches sans même prévenir le propriétaire. S'il arrive que celui-ci se doutant des
suites de l'élagage hésite à le faire, le jardinier, de con-
cert avec l'horticulteur, répétera que les arbres ayant
toujours été taillés, il faut continuer, pour éviter de voir
les branches s'étioler, se sécher ou être brisées par le
vent. Quelques jardiniers ou horticulteurs ne font aucune
différence entre un arbre de haute-futaie et d'ornement
et un arbre à fruits qui est taillable et dont la beauté
pittoresque et la durée ne sont que secondaires pourvu
qu'il produise du fruit; ils les tailleront d'une façon presque identique. D'autres plus expérimentés ou plus clair-

voyants sachant bien tout le mal qui résulte pour les arbres ainsi taillés, s'uniront néanmoins aux premiers pour ne pas faire exception et paraître en parfaite communion d'idées avec leurs confrères.

Les premiers sont excusables puisqu'ils n'en savent pas davantage et que leur conviction est sincère, mais il n'en est pas de même des derniers qui n'ont pas l'énergie d'éclairer de leurs lumières leurs collègues et le propriétaire. Après qu'il aura été convenu de l'élagage, l'horticulteur, chargé de cette besogne, arrivera avec une escouade d'ouvriers armés de serpes et de croissants; en sa qualité de patron, l'horticulteur, les deux mains dans la grande poche de son tablier, veillera d'en bas à ce que toutes les branches soient *rasées* consciencieusement et conformément à ses désirs.

C'est ainsi que dans beaucoup de villas aux environs de Lyon, il se pratique des élagages qui activent rapidement la destruction des belles, mais trop rares avenues de vieux arbres. Pour ma part, je puis me féliciter d'en avoir exempté un assez grand nombre, de cet horrible élagage qui ne produisait qu'une végétation tourmentée et contre lequel j'ai toujours protesté de toutes mes forces, en produisant des preuves à l'appui pour convaincre les propriétaires, et ceux-ci une fois convaincus n'hésitaient pas à faire cesser un pareil élagage que j'ai toujours considéré comme un sacrilège.

Il faut cependant aussi se mettre à la portée des propriétaires de petits jardins où les grands arbres envahissent tout, et appliquer dans ce cas la taille des branches à *réduction*, c'est-à-dire couper le bout des branches en reculement à la bifurcation, afin que la plus petite branche reste en avant de la coupe et que l'arbre conserve son port naturel; avoir grand soin de faire l'élagage difforme, autrement planter des arbres d'une croissance très-rapide qui ne montent pas haut comme le *frêne pendant*, le *tilleul argenté pendant*, le *saule pendant*. Ce dernier demande un terrain très-humide; le *hêtre pendant*, le *charme*, le *bouleau* et le *marronnier* à fleurs roses ont une croissance plus lente.

L'élagage à la française ayant pris fin, les arbres seront confiés à un ouvrier capable et surtout consciencieux qui leur appliquera le traitement qui suit: ôter les branches mortes, mourantes, chicots, etc., les parties qui peuvent durer quelque temps encore et les porteurs qui ne paraissent pas assez vivaces ou qui sont atteints du chancre et d'une ou plusieurs caries en forme de gouttières; les autres chancres seront coupés jusqu'au vif et les larves en seront asphyxiées par du goudron de gaz, moyen très-facile à employer, économique et presque indestructible. Il restera les caries à mastiquer avec le plus grand soin pour préserver le bois contre la décomposition qui permet à l'eau de s'introduire dans les caries verticales ayant la forme de godets; puis on y introduira du ciment mélangé de débris de briques pour faire dégorger l'eau. Le mortier et le plâtre ne valent rien dans les arbres; seuls les ciments de Portland ou le ciment prompt de Grenoble permettent de faire un excellent travail. Il y a des caries profondes qui coûteraient fort cher s'il fallait les remplir de ciment; supposons une carie de 30 centimètres de diamètre, l'épaisseur de la couche de ciment devra être de 15 centimètres si la carie a 50 centimètres de diamètre, l'épaisseur de la couche de ciment devra être de 25 centimètres. Pour bien résister aux pressions des bourrelets de la carie, l'épaisseur du ciment devra toujours être en proportion de l'étendue de la carie.

Généralement ces opérations sont confiées à des maçons qui s'en acquittent comme s'il s'agissait de bou-

Fig. 1.

cher un trou de mur; le bourrelet en croissant rejette le ciment en dehors de la carie, l'eau y rentre de plus belle sans qu'il reste quelquefois assez d'air pour qu'elle puisse s'évaporer. Il est donc de toute nécessité, pour que l'opération soit efficace et indestructible, d'ôter avec un ciseau à bois toutes les aspérités mortes sans jamais toucher aux bourrelets, quelle qu'en soit la forme, à moins qu'ils ne soient morts ou en partie paralysés, puis on appliquera le ciment plutôt en dedans (fig. 1) des bourrelets qu'en dehors, à peu près comme une glace dans son cadre; il formera une surface unie, plane, sur laquelle les bourrelets glisseront avec *adhérence* presque intime, et si la carie n'est pas d'un trop grand diamètre le ciment disparaîtra assez vite sous les bourrelets. Bien que les caries d'une très-grande étendue ne puissent pas complétement se cicatriser, l'opération n'en sera pas moins bonne, puisque l'eau en sera détournée.

Certains arbres tels que les *ormeaux, marronniers,*

platanes, cachent dans leur tronc des sacs d'eau d'un volume considérable, un hectolitre et même davantage. Dans ce cas on introduit au fond de la carie une gaule sur laquelle on fait une marque en haut de l'orifice de la carie, lorsqu'on la retire, la marque indique quelle en est la profondeur, et on perce alors avec une tarière au bas de la plaie un trou un peu incliné dans le sens vertical, c'est-à-dire penché comme les tuiles sur les toits. La tarière arrivée au fond, on la retire et on prend [une baguette grosse comme le doigt que l'on y introduit; on l'agite vivement de l'avant à l'arrière, la pression de l'eau qui est au-dessus fait jaillir assez loin tout le bois décomposé, en forme de boue et dans laquelle il se trouve parfois de grandes quantités de larves. Afin de nettoyer à fond la carie, on verse par le haut plusieurs seaux d'eau pour détourner les insectes, puis on frotte l'intérieur avec du goudron, on mastique la carie comme je l'ai indiqué plus haut et on laisse ouvert le trou de la tarière qui est un cautère pour l'assainissement de l'arbre.

Cette opération terminée, il en reste à faire une aussi importante. Si par suite du séjour de l'eau, l'arbre ne conservait plus une épaisseur suffisante de bois vif pour résister aux orages, on réduirait quelques branches au sommet toujours en forme irrégulière de 1 à 2/5 du total même des branches selon qu'on jugera le tronc de l'arbre plus ou moins affaibli par la carie. J'ai vu pendant mes voyages de fort beaux arbres périr ainsi parce que l'on ne leur avait donné aucun soin.

Les arbres peuvent encore être rongés par un chancre presque invisible à ceux qui ne sont pas du métier, en

regardant un peu attentivement le tronc de bas en haut
il est facile de reconnaître la partie attaquée qui est concave ou plate par suite de la paralysie ; l'écorce n'a pas
non plus la même teinte, mais la marque révélatrice que
chacun peut reconnaître est quelquefois un énorme cham-
pignon en forme de visière de casquette qui se produit
au bas du chancre et prouve qu'il est déjà très-avancé
dans l'arbre. Il faut dans ce cas enlever tout le bois décomposé, goudronner, mastiquer et réduire les branches
dans les proportions déjà indiquées. Comme il ne se
trouvera pas de bourrelet pour faire tenir le ciment, on
l'appliquera de 5 à 6 millimètres plus à l'intérieur que
l'aubier afin que le bois nouveau puisse recouvrir le ciment. Les arbres ainsi atteints peuvent être dès leur
jeunesse très-vigoureux en apparence et rien, à première
vue, ne ferait supposer ces sortes d'affections. Les plus
susceptibles sont les *frênes*, les *ormeaux à grandes
feuilles*, les *sophoras*, les *noyers* et les *marronniers*.
Quant à ces derniers, si une maîtresse branche vient à
se détacher du tronc, le bois se décompose et l'arbre est
infailliblement perdu à moins qu'on ait le soin de rétablir
l'équilibre en réduisant les autres branches.

Dans les pays humides où les arbres ont une végétation luxuriante, en Angleterre et particulièrement en
Hollande, les chênes sont attaqués à la surface de l'aubier par des insectes cachés sous l'écorce qui se nourrissent de sève et font en remontant des traces sinueuses,
mais rarement profondes. Ils sont rougeâtres sur le dos,
de forme demi-cylindrique et d'une longueur de 3 centimètres ; on les trouve sur le tronc en différents endroits
de 80 centimètres à 5 mètres au-dessus du sol. Lorsqu'on

se doute de leur présence, on frappe avec une gaule la partie que l'on suppose attaquée.

Si l'écorce sonne creux on l'enlève, on écrase les insectes et l'on passe à cette place une forte couche de goudron. Un autre insecte très-dangereux qui s'attaque aux jeunes arbres nouvellement plantés, se distingue par une forme toute particulière; il est tacheté de points noirs sur fond blanc avec une armature écailleuse qui couvre la tête jusqu'à l'articulation du cou. On le rencontre toujours solitaire, de 60 centimètres à 2 mètres de hauteur, sa présence est indiquée par un petit trou qui laisserait à peine passer la tête d'une épingle, quoiqu'il soit en réalité de la grosseur d'un porte-plume, un petit renfoncement autour du trou, suite de la paralysie, confirmera sa présence et l'écorce morte enlevée laissera voir une galerie conforme à sa grosseur qui est presque toujours un point de rupture. Dans ce cas, on introduira un petit osier coupé franc dans la galerie qui va presque immédiatement au cœur de l'arbre; en remontant quelque peu en sinuosités qui varient de 10 à 20 centimètres de hauteur, on agitera l'osier, et il en résultera un clapotement qui prouvera que l'insecte est écrasé; on trempera alors l'osier dans du goudron et l'on bouchera l'orifice avec un peu de coton imbibé de goudron. Si l'on n'applique pas un prompt remède aux arbres ainsi attaqués, ils seront infailliblement perdus par ce redoutable insecte dont j'ignore le nom.

Soins à donner aux avenues de vieux arbres abandonnés à eux-mêmes.

Quels que soient les arbres qui composent une avenue, les plus forts cherchent toujours à dominer les plus faibles, ils les enveloppent, couvrent leurs flèches, et les serrent de toutes parts, en sorte que ceux-ci après avoir végété quelque temps encore meurent peu à peu. Dans ce cas, on ne doit pas hésiter à faire couper ou réduire les branches qui les étouffent, afin de leur donner la part d'existence, d'air et de soleil sans cependant désho- norer les arbres voisins qui auront à subir la réduction de leurs branches. De chétif qu'il était, l'arbre enveloppé reprendra force et vigueur et vivra autant que ses voisins qui l'avaient condamné.

Je sais qu'au point de vue du bien-être, peut-être aussi de l'hygiène, on doit comparer une salle d'ombrage à un appartement : plus elle sera élevée, plus aussi l'air s'y renouvellera et sera en quantité respirable par suite de la libre circulation.

Pour atteindre ce but, il faut faire un *berceau* dans les avenues en laissant les branches extérieures retomber d'elles-mêmes jusqu'à terre, elles évitent le plus sou- vent ainsi certains courants d'air défectueux. Dans d'autres cas très-rares, le contraire se présente par suite de courants venant des lieux voisins.

Dans les terrains en pente, j'ai remarqué que la plu- part des arbres ont leurs racines à découvert, soit à cause de leur croissance, soit à cause du ravinement du sol qu'elles eaux entraînent au loin ; les racines ainsi découvertes sont blessées par les voitures, par les

piétons ou par tout autre accident, et ne donnent plus
une quantité suffisante d'aliment aux branches; une
partie de celles-ci meurent, toutes les autres se dégar-
nissent avant la saison et les arbres périclitent dans un
sol épuisé sur lequel on ne peut laisser les feuilles. Si
l'on tient à conserver les arbres ainsi affectés, il faut en
novembre, décembre ou janvier au plus tard, faire bêcher très-légèrement ou plutôt gratter la terre pour
mieux faire la liaison avec la couche d'engrais de 15 à 20
centimètres au plus que l'on y ajoutera (au-delà il y aurait
asphyxie des racines); la recouvrir de bonne terre végétale, ajoutée à 4,10 mètres de débris de démolitions
ou d'immondices de ville, balayures, etc., ayant une
année au moins de tassement et mélangés avec de la
terre végétale. La terre comprimée par les pluies et les
neiges de l'hiver se sature d'engrais et la réaction se
produit, car dès la première année il se forme dans l'engrais de nouvelles petites racines qui ne sont d'abord
qu'à l'état d'embryons, les arbres souffrants donnent de
fortes poussées, le feuillage devient plus grand, plus
épais et tombe en la saison fixée par la nature. Cette
opération, quoique un peu coûteuse, ne saurait être négligée. J'en ai fait l'expérience sur différentes avenues et
j'ai toujours obtenu un résultat que je n'osais espérer.

Beaucoup de personnes font enlever complétement le
lierre de leurs arbres, parce qu'un personnage compétent ou réputé comme tel a prononcé que le lierre les
tue; il n'en est rien, et sauf des cas extrêmement rares
à peine trois ou quatre fois sur mille, le lierre ne fait
aucun mal au tronc des arbres. Il est quelquefois très-
nuisible lorsqu'il atteint les branches ou la flèche et les

2

étreint, et asphyxie ainsi les nouvelles poussées ; on l'empêche aisément de monter plus haut que le tronc de
l'arbre en le coupant au commencement des branches
basses. Le lierre étant en hiver un fort bel ornement, on
a tout intérêt à le conserver sur le tronc des arbres et à le
laisser librement grimper sur des arbres chétifs, à moitié
ou complétement morts, que l'on nommera porte-lierre.
En outre, il abrite de nombreuses couvées de petits oiseaux
insectivores qui autrement ne sauraient où se réfugier.

Les ormeaux à petites feuilles et les marronniers sont
quelquefois sujets à des écoulements de sève décomposée.
Pendant les premières années de mon métier d'élagueur,
je mastiquais l'orifice de l'écoulement avec du ciment à
prise prompte, mais l'éruption de l'écoulement se repor-
tait ou plus haut ou plus bas et je reconnus l'impossibilité
de l'arrêter si l'arbre a été tordu dans sa jeunesse par
une autre cause naturelle ignorée, résultant des cavités
cellulaires de forme oblongue et longitudinale presque
toujours enfermées dans le centre du tronc de l'arbre.
Plus tard, mon expérience me prouva qu'il n'y avait
nullement à s'inquiéter des arbres atteints de ces sortes
d'écoulements qui sont inhérents à l'existence même des
arbres ; ceux qui en sont atteints grossissent et prospèrent.

Rajeunissement des vieux arbres.

C'est ainsi qu'on nomme un élagage qui consiste à
raccourcir les branches des vieux arbres qui périclitent,
de manière à leur faire pousser de nouvelles branches et
de nouvelles petites racines ; cette opération doit s'appliquer en général seulement aux arbres isolés.

La saison la plus favorable est le printemps, dès que la sève monte, en avril jusqu'à la fin de juillet; l'automne peut être défavorable à cette opération, car s'il survient un hiver rigoureux, les branches amputées se gèlent, se dessèchent et l'arbre meurt, tandis que taillé au printemps de préférence, ou en été, il reprend de sa vigueur dès qu'apparaissent les nouvelles brindilles qui facilitent la cicatrisation des branches amputées.

Avant de prendre une détermination à ce sujet toujours très-grave, surtout s'il s'agit d'un vieil arbre plusieurs fois séculaire et rappelant de chers souvenirs, trois réflexions se présentent: l'arbre doit-il rester avec toutes ses branches mortes, très-pittoresques peut-être, et mourir de sa belle mort? doit-il rester purement et simplement comme porte-lierre ou être rajeuni? Les personnes intéressées à cette question peuvent seules être juges. S'il est convenu que l'arbre sera écimé, on le débarrassera de tous les parasites qui croissent à ses pieds et attaquent ses racines, et qui sont toujours étrangers à son espèce; on coupera ensuite les branches sur le bois vif à 1, 2 et 3 mètres plus bas que la partie morte, selon que la branche paraîtra plus ou moins malade; l'apparence des brindilles servira aussi à guider la coupe qui doit être faite, oblique (en biais) afin que l'eau ne puisse y séjourner et autant que possible (ceci est même très-urgent) au-dessus des bifurcations. La coupe se trouvera ainsi réduite de moitié et le bois n'étant pas de droit fil dans cette partie, sera moins susceptible à la carie.

Tous les arbres n'offrent pas les mêmes chances de **réussite**. Cette opération qui exige une expérience consommée et trompe souvent les plus habiles, ne peut être appliquée qu'aux tilleuls, aux ormes à petites et à grandes feuilles, aux marronniers, sophoras, chênes, peupliers suisses, charmes, châtaigniers, catalpas et noyers. Ces derniers font exception, quant au genre de culture, en ce qu'ils s'accommodent comme les arbres fruitiers du fumier qui est funeste aux premiers. Un noyer isolé dans une prairie pousserait avec une vigueur étonnante par le traitement suivant: Écimer les branches, bêcher la terre jusqu'aux racines et mettre au-dessus de celles-ci une couche de fumier de 10 centimètres et conforme à leur étendue, puis semer le gazon au printemps. Le noyer est le seul arbre de haute futaie dont le rajeunissement ne fera jamais défaut; mais il faut, je le répète, que l'opération soit faite au mois de novembre; les terres se tasseront, le fumier finira de se consumer et les propriétés ammoniacales, si nuisibles aux végétaux, auront le temps de s'évaporer surtout si c'est du fumier de cheval.

Le gui.

Désigné sous le titre de parasite, en est-il bien un? Pour ma part, j'ai remarqué que les arbres de haute futaie qui en sont chargés se portent à merveille et grossissent comme si le gui n'existait pas; il est facile de le constater sur les peupliers, les tilleuls, les sycomores et surtout les érables qui n'en sont affectés ni les uns ni les autres. En outre, si l'on coupe une tige de gui il en repousse trois ou quatre et il est impossible de l'ôter des arbres à moins de couper les branches. Or, comme le remède serait pire que le mal, il est préférable de laisser sur les arbres le gui qui fournit aux oiseaux en hiver une provende que Dieu leur réserve pour le temps des neiges.

Dans les vergers, les branches des pommiers et des poiriers que couvre le gui sont en partie ou totalement stériles; dès qu'il naît sur un des arbres à fruit, il est aisé de l'extirper; on coupe la tige et on enlève l'écorce en faisant une incision circulaire ou concave selon que la racine du gui (fig. 2) aura dévidé un point de départ de la tige; cette racine, de couleur verdâtre, se distingue toujours du bois; une fois isolée, ne recevant plus de sève, elle se desséchera. On peut compléter l'opération en passant une forte couche de goudron, qui l'asphyxiera.

Avant d'écrire ces lignes, j'étais occupé à la Grande-Pommière, établissement des Orphelines, près de Genève, où je donnais des soins à des chênes quatre ou cinq fois séculaires d'une grosseur et d'une hauteur prodigieuses. Du haut de ces colosses, je voyais bien du gui sur des tilleuls, des érables champêtres et des pommiers sauvages; mais j'examinais vainement les chênes sans être jamais assez heureux pour y trouver ce gui mystérieux que les Druides coupaient avec une faucille d'or, et dont ils distribuaient le premier jour de l'an les rameaux aux Gaulois, nos ancêtres.

Choix du terrain et altitude pour plantations.

Dans une de ses nombreuses brochures, M. Dubreuil, l'éminent professeur, indique bien d'une manière très-savante que tel terrain serait favorable à la croissance de tel arbre; on y lit bien *argilo silico, silico argilo*, malheureusement ceux qui plantent des arbres connaissent peu la géologie; ils n'ont pour se guider que le bon sens et leur expérience acquise; la méthode de M. Dubreuil peut d'ailleurs fournir matière à erreur; un savant géologue ne saurait mieux qu'un forestier ou un horticulteur choisir le terrain le plus favorable aux arbres.

Avant de planter, il faut faire choix des essences d'arbres et voir préalablement dans les environs, le lieu où l'on doit faire la plantation et surtout examiner si dans les propriétés voisines il y a de beaux chênes, des marronniers, des érables champêtres, les uns vieux, les autres jeunes, les premiers robustes et les seconds vigoureux, si les hêtres, les châtaigniers, les sophoras n'y végètent que d'une façon malingre, il est facile de déterminer ainsi ce qu'on doit faire à ce sujet. On s'assurera ensuite que le terrain où l'on veut planter est le même que celui du voisin, que l'exposition, l'altitude y sont en toute identité et en agissant de la sorte, on sera sûr de ne pas commettre d'erreurs. Pour se guider dans les plantations, le plus sûr moyen est, au reste, de prendre les végétaux eux-mêmes pour guide, car la géologie même est souvent trompeuse; ainsi les terres blanchâtres compactes et calcaires sont très-favorables aux chênes dans de fertiles vallées aux pieds des Alpes. Néanmoins, si pendant plusieurs siècles, ceux-ci ont épuisé le terrain, ce qui se reconnaît soit aux sous-bois, soit aux jeunes arbres nouvellement poussés, on obtiendra un avantage très-remarquable en plantant des hêtres, des châtaigniers, des frênes, des sapins épiceas, etc. Il reste bien des choses à expliquer à ce sujet, mais ma plume est impuissante et ce n'est que de *visu* qu'il me serait possible de me prononcer avec quelque autorité.

Pour guider dans le choix de son terrain un élagueur chargé d'une plantation, voici à quelques exceptions près, ce que je puis garantir en toute exactitude, c'est l'ombrage sain, hygiénique ou vicieux de certains arbres, circonstance que le public ignore n'ayant pas été comme moi dans le cas d'en vérifier l'exactitude.

Les chênes croissent bien dans tous les terrains, pourvu que ce ne soit pas à une altitude trop élevée, ou dans des pays trop chauds, ils grossiront selon que la terre sera plus ou moins profonde et substantielle. Plantés sur de petits tertres dans des marais, ils pousseront bien également, mais le bois sera d'une qualité très-inférieure soit pour le chauffage, soit pour la construction; ils donneront un ombrage frais, hygiénique et une odeur agréable. Les hêtres croissent assez bien, quoiqu'ils ne soient pas à leur altitude, pourvu que le sous-sol soit humide, ou qu'il y ait des rochers avec des fissures afin que l'eau alimente les racines, qu'il soit un peu en pente et si c'est possible tourné à l'est ou au nord. Dans un terrain caillouteux, sec et profond, les hêtres ne réussiraient certainement pas. L'ombrage de ces arbres est des plus hygiéniques, l'odeur en est très-agréable, jamais aucun insecte ne dévore leur beau feuillage; nos essences forestières et celles qui nous viennent de l'étranger ne peuvent être comparées à une futaie de hêtres sous laquelle il est si doux de respirer.

Les châtaigniers deviennent de très-gros arbres dans les terres quelque peu élevées et en pente, dans les sols schisteux, dans les rochers quelque peu décomposés et pourvus de fissures profondes pleines de terre végétale. C'est ainsi que dans les Cévennes, à Anduze, à Saint-Jean-du-Gard j'en ai remarqué de vraiment colossaux. Les châtaigniers ne viennent pas dans les terres d'alluvion, caillouteuses ou marneuses et en général dans la plaine et dans les terrains bas; mais ils s'accommodent bien des terres de moraines. Au temps de leur floraison, ils produisent un fort bel effet dans les parcs, s'ils sont plantés par groupes, leur ombrage est quelque peu chaud et ne produit aucune sensation.

Les charmes croissent dans tous les terrains, ce sont des arbres très-robustes qui se taillent à volonté sans que cela leur soit très-nuisible; l'ombrage en est agréable, grâce à leur feuillage compacte; plantes serrées, ils garantissent fort bien les parcs de [la poussière des routes.

Les tilleuls à grandes et à petites feuilles croissent bien dans tous les terrains, excepté quelquefois dans les terres argileuses; leur ombrage est bienfaisant, d'autant plus apprécié pendant les grandes chaleurs que ces arbres n'ont presque jamais d'insectes.

Les ormeaux à grandes et à petites feuilles (tortillards) croissent dans toutes les terres à l'exception de celles qui sont argileuses; mais ils ne deviennent de gros arbres que dans les terres calcaires très-riches en humus, ainsi que dans les terres d'alluvion; leur ombrage est clair, chaud, quoique l'air y circule bien, mais ils sont sujets à la piqûre de nombreux insectes qui mangent tout le suc des feuilles et n'en laissent que les filaments.

Les marronniers d'Inde s'accommodent de tous les terrains et sont de reprise très-facile, ils se multiplient d'eux-mêmes par leurs marrons; leurs racines nombreuses et pivotantes peuvent être utilisées pour garantir les terres des éboulements. Mais, à l'exception des mois de juillet et d'août, leur ombrage est malsain, froid, humide, très-compacte et ils peuvent causer des refroidissements aux personnes qui viennent s'abriter sous leur feuillage contre l'ardeur des premiers rayons du soleil de printemps, époque à laquelle le sol est saturé d'humidité. Je ne saurai trop, dans ce dernier cas, recommander aux personnes d'éviter de se reposer sur des sièges en fer au grillage épais. J'ai souvent réduit des branches qui projetaient leur ombrage sur des bâtiments dont les murs étaient noirs d'humidité et suintaient l'eau, dont les boiseries étaient plus ou moins détériorées et les tuiles désagrégées et couvertes de champignons.

Les jardiniers ou les concierges dont le logement est construit sous les marronniers ont le teint pâle et sont quelquefois perclus de douleurs et cet état de choses peut être, selon moi, attribué à l'ombrage funeste des marronniers. Ces braves gens sont bien à plaindre et leurs maîtres cruels ou ignorants, lorsqu'ils ne font pas arracher les arbres dans de telles conditions contraires à l'hygiène. Aussi malgré toute leur beauté, je ne saurais trop recommander de planter les marronniers loin des habitations.

Les noyers donnent de gros arbres qui, plantés isolés
ou par groupes, croissent de préférence dans les terres
calcaires ou d'alluvion; ils prospèrent aussi dans tous les
terrains labourés et fumés. Quelques noyers plantés
isolés dans un grand parc tranchent fort bien sur le
paysage.

Les plus gros que possède la Suisse sont ceux du bois
de Vaud Delessert-sous-Lausanne dont l'un avait 40 mètres
d'envergure et trois, quatre jusqu'à sept mètres de circonférence en 1875, époque à laquelle je les ai soignés,
cette grosseur prodigieuse n'est que le résultat des eaux
fécales de la ville. Ses prairies, admirablement irriguées,
sont fauchées trois ou quatre fois dans la même année
et l'herbe atteint toujours une hauteur de 80 centimètres
et même de 1 mètre. Bien des villes situées sur des hau-
teurs laissent perdre ce précieux engrais, source de ri-
chesse, et feraient bien de suivre l'exemple de Lausanne
et de Novare. L'ombrage des noyers est très-froid, bien
qu'il ne soit ni compacte ni humide et les ouvriers oc-
cupés aux champs pendant leur *prégnère* doivent éviter
de s'endormir sous ces arbres qui n'ont d'ailleurs jamais
d'insectes et dont les feuilles sont elles-mêmes, à ce que
je crois, insecticides.

Les frênes croissent dans tous les terrains, mais ils
ne grossissent bien que dans les vallées humides; si on
les transplante, la reprise en est très-facile dans les terres
similaires et pourvu qu'ils soient bien arrachés et bien
plantés, tous reprennent; leurs racines inextricables et
pivotantes, munies de nombreux chevelus par touffes,
absorbent une grande quantité d'eau capable dans une
certaine mesure d'assainir des marais. Le frêne qui ré-

siste sans être déraciné aux plus violents orages est le meilleur de nos arbres pour garantir les terres contre les éboulements; il réussit à toutes les expositions et atteint une assez grande hauteur dans une mince couche de terre végétale, pour peu que que le dessous soit humide. En raison de leur rapide croissance, même dans les terrains de qualité très-inférieure, les frênes produiraient un fort beau revenu aux propriétaires qui les planteraient en futaie serrée. Agés de 20 ou vingt-cinq ans, ils seraient prêts à être exploités car le bois en est très-recherché; mais les carrossiers et les charrons préfèrent employer les arbres lorsqu'ils sont encore petits et en cela encore ils font exception, mais aujourd'hui la mode et l'engouement portent le public à planter des acacias.

L'ombrage des frênes est clair, chaud et insignifiant, ils seront plantés en groupes comme ornement, mais je ne le conseille pas pour les salles d'ombrage.

Les platanes plantés par groupes ou isolés dans un très-grand parc et vus de loin produisent un effet grandiose lorsqu'ils sont d'une hauteur gigantesque; pour cela il leur faut des terres d'alluvion graveleuses ou sablonneuses; il importe peu que le sol soit plus ou moins riche en humus pourvu qu'il soit humide, afin que les racines puissent entrer profondément dans la terre et s'étendre au loin. Sur le bord des lacs et des fleuves les platanes deviennent énormes en peu d'années; le bois en est excellent pour le chauffage et ressemble en quelque sorte à celui du hêtre, mais pour salle d'ombrage je repousse cet arbre d'une façon absolue. Ses feuilles sont incorruptibles, l'écorce qui se détache du tronc forme des détritus fort désagréables et qui font, non sans raison, le désespoir des personnes chargées du nettoyage. Lorsqu'il fait le moindre vent, le velours qui recouvre le dessous des feuilles se répand, et il cause des démangeaisons et gêne la respiration.; le platane est donc un arbre malsain, surtout quand la graine se détache des glands suspendus comme des grelots au bout des branches.

Les peupliers blancs de Hollande sont de fort beaux arbres vus dans un rayon oblique ; leur feuillage blanc argenté, sur lequel le soleil reflète au loin ses rayons, en fait un ensemble ravissant. Comme aux platanes, il leur faut l'humidité sur le bord des rivières et des ravins, leurs nombreuses et puissantes racines garantissent très-bien le terrain contre l'affouillement des eaux ; la reprise en est extrêmement facile dans tous les terrains et sa croissance très-rapide ; le bois est recherché pour des planches qui, dit-on, se voilent moins que celles des peupliers ordinaires ; dans les terrains secs, ils ne pous-sent qu'en broussailles ; on est fort à l'aise sous leur ombrage qui n'est pas humide et où l'air circule bien.

Les peupliers à branches étalées ou peupliers suisses exigent pour leur croissance les mêmes conditions que les blancs de Hollande, garantissent aussi par leurs ra-cines les terres contre l'affouillement des eaux et leur ombrage produit le même effet.

Le premier tulipier planté en Hollande l'a été, dit-on, par Linnée lui-même dans la belle villa du Hartekamp, près de Harlem, appartenant à M. le baron de Verschuer cet arbre vénéré ou pour mieux dire ce tronçon mort sans branches me fut montrer par M. le baron, il est retenu par des étais en fer? Dans cette même villa on remarque un ormeau à feuilles panachées d'une grosseur

et d'une hauteur prodigieuses. J'ai remarqué que les
tulipiers viennent bien dans tous les terrains riches en
humus ; si le terrain ne présente pas cette condition on
le minera à 1 mètre de profondeur en y ajoutant toutes
sortes de détritus, la reprise de ces arbres est assez difficile et pour qu'on réussisse il doit être planté avec la
motte et avoir une hauteur de 2 mètres au plus. C'est un
arbre très-recommandable pour les campagnes d'agrément, le feuillage est fort beau et les fleurs admi-
rables ; lorsqu'on coupe le bois il exhale un parfum
aromatique des plus suaves et je suis quelque peu surpris
que les distillateurs et les parfumeurs n'aient pas encore
quelque extrait de tulipiers ; l'ombrage de ces arbres est
fort sain, point humide et l'air y circule bien.

Ayant commencé par les tulipiers qui sont des arbres
essentiellement ornementaux je vais continuer la nomen-
clature d'autres arbres pour le même usage sans décrire
ni la qualité du bois, ni les qualités de l'ombrage car je
ne pourrais à peu près que me répéter sans grande utilité,

Tilleuls argentés arbres splendides pendants (pleureurs).
Tilleuls montants.
Noyers noirs d'Amérique arbre d'une grande hauteur.
Sycomores.
Sorbiers des oiseaux à fruits rouges et en ombelle.
Alisiers à larges feuilles argentées.
Mimosas ou acacias de Constantinople.
Féviers glédtzias.
Chênes rouges d'Amériqne.
Chênes pyramidaux.
Arbres de Judée.
Hêtres à feuilles laciniées.
Hêtres à feuilles pourpres.
Sophoras du Japon, terre légère, humide ou sablonneuse.

Virgilias.

Marronniers à fleurs roses.

Pavias.

Peupliers pyramideaux d'Italie; terre riche en humus.

Voici d'autres arbres au développement desquels l'humidité est indispensable.

Liquidambards copal; feuilles rouges en automne.

Hêtres pendants.

Plaqueminiers.

Aubiers à feuilles en cœur.

Aubiers laciniées.

Bonducs chicots du Canada.

Planères crenelés.

Ormeaux à feuilles panachées.

Conifères.

Thuyas géants.

Cyprès chauves de la Louisiane; au bord des eaux.

Wellingtonia ou secoyas géants.

Jinckos bilobes; terres assez humides.

Pins laricio de Corse.

Pins sylvestres; tous les terrains élevés lui sont bons.

Pins noirs d'Autriche.

Pins pleureurs de l'Himalaya (excelsa pinus).

Pins de Lord Wegmouth; tournés au Nord.

Pins chétifs ou rabougris; terrain *abrupt* ingrat.

Pins sapos; très-robustes.

Cèdres du Liban; arbres quelquefois gigantesques, terre calcaire.

Sapins du Nord (Nordmanniana).

Sapins epiceas.

Sapins argentés élevés des montagnes.

En se conformant à la liste des arbres que je viens d'énumérer, on peut faire une très-belle plantation, car ce ne sont que des sujets de choix qui, plantés dans de bonnes conditions prospéreront tous, bien qu'abandonnés à eux-mêmes.

Il n'en serait pas de même de telle autre liste d'arbres à feuilles caduques et de conifères qui sortant fort beaux de chez les fournisseurs exigent des soins continuels et perpétuels, occasionnent de grands frais d'entretien pour arriver toujours à un résultat négatif et quelquefois même à une grande déception.

Arbres nuisibles.

J'ai mentionné les peupliers blancs de Hollande avec un éloge bien mérité, maintenant je retourne, comme on dit, la médaile pour en faire connaître le mauvais côté; leurs racines, non-seulement pivotantes, mais traçantes s'étendent au loin dans les pelouses et forment des rejetons de toutes parts auxquels il faut livrer un combat incessant et toujours sans résultat, à moins qu'on n'extirpe les bancs de Hollande eux-mêmes.

Les acacias, quelle qu'en soit l'espèce, doivent être repousser des propriétés d'agrément, pyramidaux, visqueux ou à feuilles recoquillées, etc., tous sont greffés sur les acacias communs et tous ont des racines traçantes qui forment de nombreux rejetons dans les pelouses, attaquent et détruisent complétement toutes les pineraies et les sapinaies; les chênes seuls leur résistent, mais non sans avoir dépensé une grande partie de leurs forces par des courbures, des blessures qui en sont le résultat et quelquefois par l'atrophie. Quand donc serons-nous délivrés de ces acacias déjà tant de fois

maudits des gens qui en ont fait l'expérience à leurs
dépens ! Dans les terrains très-chauds, exposés en plein
midi, un rejeton d'acacia fait en une année une poussée
de 3 et même 4 mètres, en quatre ans il peut devenir
assez gros pour être fendu en deux ou trois parties
propres à faire des échalas; le bois est flexible comme
la baleine, dur comme le fer, incorruptible au possible et
incomparable pour des chevilles de charpente, dents de
rateaux, rais de roues de voitures, échelons, etc., pour
certains travaux particuliers il peut être une économie, et
même une source de revenus, mais il y a loin de là à les
planter dans les propriétés d'agrément.

A cause peut-être de leur extrême facilité à la reprise,
on ne voit le long des lignes de chemins de fer que des
acacias, toujours des acacias, des haies d'acacias taillés;
rien au monde de plus laid ni de plus monotone et les
voyageurs ont toujours sous les yeux la même perspective ennuyeuse; j'ai vu dans les environs de Genève des
prairies envahies par les acacias qui bordent le chemin
de fer à gauche et à droite; et un propriétaire désolé
qui me montrait ce fléau d'un nouveau genre, avait l'in-
tention d'exiger de la compagnie que celle-ci fît faire un
fossé pour couper les vivres aux acacias qui traçaient
dans ses prairies de la plus belle manière.

Aylantes ou vernis du Japon.

Bien connu sous le nom de vernis du Japon, cet arbre
fut apporté il y a un siècle par le R. père d'Incarville.
Dans le manuel Roret, M. Boitard en fait, avec un
enthousiasme sans précédent, un éloge pompeux; je ne

veux pas critiquer ce manuel forestier savamment rédigé dans lequel j'ai glané de fort bonnes choses pratiques. Il est bien supérieur à tous égards à certain faiseurs de *brochures* qui écrivent sur les élagages et le forestier des niaiseries impossibles, à première vue le feuillage du vernis du Japon peut avoir trompé bien des personnes, le bon père d'Incarville tout le premier, mais cet arbre infect n'aurait jamais dû être dépaysé; il est moins à redouter pour les arbres de nos pays, que les acacias, mais comme ceux-ci, il trace au loin et lorsqu'on les extirpe, il suffit qu'il reste en terre un bout de racine long et gros comme le petit doigt pour donner naissance à plusieurs rejetons. Dans les jardins potagers, les vernis du Japon sont d'une voracité telle qu'il est impossible aux jardiniers de s'en défaire et chose presque incroyable qui prouve bien l'ignorance en sylviviculture de quelques employés de l'État, on a vu planter des vernis du Japon sur les grandes routes, d'où ils traversent les murs de clôture et portent la désolation et le désespoir chez les jardiniers et les maraîchers. Le fournisseur seul doit se frotter les mains de trouver ainsi l'écoulement d'une marchandise qui lui cause bien quelquefois aussi l'ennui dans ses pépinières. Toutes les personnes qui ont des arbres de cette espèce dans leurs propriétés, savent par expérience que le feuillage sent si mauvais qu'au temps de la floraison on ne peut résister à l'odeur infecte qu'il répand. Le bois coupé répand une forte odeur d'excréments humains et comme chauffage il est cassant comme du verre; les marchands de bois qui aiment livrer de bons produits et qui sont soucieux de **leur honneur** n'en veulent à aucun prix, car il n'est bon à

rien comme bois de construction. Que le vernis du Japon
soit donc banni de nos parages.

Les sumacs amarantes et sumacs des tanneurs nous
viennent de l'Amérique où dit-on, ils servent à tanner le
cuir, sont de vilaines plantes, qui tracent avec leurs
racines à fleur de terre et se multiplient en grande
quantité comme broussailles ; le terrain qu'ils occupent
ne serait-il pas infiniment mieux rempli par des arbres
utiles et d'un beau port ?

Les mûriers à papier ou broussonnetiers, tracent
comme les précédents et arrivent à une hauteur peu
élevée ; comme les charmes ils restent branchées de bas
en haut ; le bois n'est d'aucune utilité pour les construc-
tions comme bois de chauffage j'ignore s'il a des qualités
mais je le repousse dans les campagnes malgré un assez
beau feuillage.

Si l'on veut éviter l'envahissement des prairies et des
pelouses ainsi que les suites funestes qui en résultent
pour les plantations nouvelles ou anciennes, on doit
repousser tous ces arbres nuisibles ou les reléguer dans
des terrains à part et faire un fossé que les racines ne
puissent franchir.

L'époque la plus favorable pour la destruction des
racines est le milieu du mois d'août : les acacias sont
alors en pleine végétation. Avec une pioche on scie les
racines qui forment un tissu irrégulier ; une fois le bout
de l'une mis à jour, on ôte l'écorce ce qui est très-facile
s'il a une grosseur avec une corde fine on fait un nœud
coulant que l'on fixe à la racine puis on attache la corde
à un bâton et on tire des deux mains. Chose curieuse, les
racines flexibles comme des ficelles se détachent de

l'écorce qui reste en terre tandis que le bois de la racine
en pleine sève est de la sorte extrait de terre dans toute
sa longueur. Cette opération devra être renouveler plusieurs années de suite pour réussir complétement.

Époque des plantations.

A l'exception des arbres qu'on aurait à transplanter
dans la propriété même ou d'autres arbres du voisinage
et dont le terrain serait similaire, il serait avantageux
de faire les plantations en automne, dès la chute des
feuilles; mais quant aux conifères ou arbres et arbustes à
feuilles persistantes, ils ne doivent être transplantés qu'en
mars ou avril, selon que la végétation du pays est plus
ou moins avancée. Au moment où ils commencent à
avoir quelques velléités de végétation, il est reconnu
par des physiologistes (et je suis de leur avis), qu'il y a
corrélation entre les racines et les feuilles. Si de l'automne au printemps cette corrélation est brusquement
désorganisée, les arbres sont atteints en grand nombre
par l'atrophie et s'il survient un hiver rigoureux les
racines n'étant plus en force pour alimenter les feuilles
il en résulte une mortalité effrayante, ce qui explique
comment des plantations sont complétement perdues.

En ce qui concerne les arbres à feuilles caduques que
l'on ferait venir du dehors, l'époque favorable est du
20 février au 25 mars. Supposons que la plantation doit
être faite à Chalons-sur-Saône et que l'on fasse venir les
arbres d'Angers, la température des mois de décembre et
de janvier, à Chalons-sur-Saône correspondant à celle

de février et mars, d'Angers; les arbres expédiés au printemps n'auront rien à redouter des brusques changements de température. Il n'en serait pas de même si l'expédition était faite en automne; bien qu'expédiés avec soin dans de la paille, ils peuvent être gelés en voyage et n'étant nullement acclimatés aux pays du Nord, un hiver rigoureux en fera certainement périr un nombre considérable.

Je ne citerai qu'un fait entre tous ceux que j'ai vus : un de nos fabricants de soierie à Lyon, se retirant des affaires, acheta une propriété sur les rives enchanteresses du lac de Genève pour y composer une salle d'ombrage il fit venir du département de l'Ardèche et d'une maison horticole fort honorable, 50 marronniers d'Inde sur lesquels 49 périrent. Ces arbres fort beaux, avaient été plantés, autant que j'ai pu en juger, dans de fort bonnes conditions : fossés larges et profonds, terrain très-riche, éloignés du voisinage d'autres arbres; il faut donc attribuer cette perte à ce qu'ils avaient été expédiés en automne car les marronniers sont d'une reprise extrêmement facile et dans les terres similaires, il n'en manque jamais un seul à la reprise.

Arbres isolés.

Les architectes paysagistes ont l'habitude de planter les arbres par groupes de trois ou cinq, comme les habillements des tailleurs sur les gravures; cela va à merveille, sur le plan, mais il n'en est pas de même, quant au résultat, il n'est ni pratique ni économique de planter trois ou cinq arbres pour un seul. Nous ne parlerons que des Wellingtonias qui sont les géants de la création. Dans les vallées de la Californie d'où ils sont originaires, ils croissent, naturellement conformément à leurs besoins de développement et à une grande distance les uns des autres, la hauteur de quelques-uns est, dit-on, de 200 mètres. Bien que ces arbres aient été assez récemment introduits en Europe, on en remarque dans la vallée de Chambéry qui sont déjà d'une hauteur prodigieuse ; il faut en conclure que les vallées leur sont favorables et que, bien que dépaysés, ils se retrouvent quelque peu dans leur élément, à en juger par leur vigoureuse croissance. Il n'y aurait donc rien d'étonnant qu'à la fin du siècle prochain, il y en eût qui atteignissent une hauteur de 100 mètres, mais plantés rapprochés les uns des autres il n'en serait pas ainsi. Cet arbre qui n'est en somme qu'une colonne très-régulière de verdure et duquel la verticale est indispensable au développement, ne croîtrait plus de même si les racines et les branches lui faisaient défaut d'un côté, par suite d'un trop grand rapprochement. Du reste il est facile à comprendre que quels que soient les conifères, on ne les aura dans toute leur beauté que plantés isolément les uns des autres, à moins qu'on en forme une futaie, ce qui changerait complétement le genre de plantation.

Voici un choix de plantation que j'ai vu une seule fois dans mes voyages chez un ingénieur, dont la campagne est située sur les rives du lac de Genève. Cette conception hors ligne était un composé de tilleuls argentés pleureurs de hêtres pourpres et pourpres noirs et de bouleaux plantés rapprochés les uns des autres ; il avait ménagé des espaces pour attirer le regard et faire

ressortir le feuillage ainsi que les troncs blancs des
bouleaux; l'exposition avait été si bien choisie que je
n'ai rien vu qui puisse être comparé à cette plantation
d'un effet splendide.

Arbres superflus dans les forêts.

Dès que la coupe d'un taillis est faite, que le sol est
libre, les graines latentes de toutes les essences de nos
forêts germent au printemps suivant un grand nombre,
et donnent de petits arbres qui peuvent être utilisés, si
l'on s'y prend à temps, avant l'atrophie.

Les souches qui ont de nombreuses et puissantes
racines, fourniront aux nouveaux rejetons de l'*entaillure*
une nourriture abondante et régulière, et ceux-ci se
développant vigoureusement avec des ramifications qui
couvrent de leur ombrage les petits arbres nouvellement
poussés et les étouffent presque tous à l'exception des
clairières, où ces petits arbres sont très-utiles pour com-
bler les vides, on arrachera à ceux qui sont de trop et dont
l'écorce est belle de couleur, sans champignons, et ne mon-
trant pas certaines teintes roussâtres ou noirâtres qui sont
autant de signes de maladie. Ceux qui n'auront pas été
encore privés d'air et de soleil seront tous bons pour être
transplantés, et voici dans quelles conditions : nous choisis-
sons un chêne d'une hauteur de 5 mètres droit, trapu et
d'apparence vigoureuse. On fera en premier lieu une
tranchée circulaire profonde de 50 centimètres et qui
donnera à la motte un diamètre de 80 centimètres; on
creusera plus d'un côté que de l'autre pour faire *abatage*
puis on passera derrière un levier auquel le bord de la

tranchée pourra servir de point d'appui; trois ou quatre
hommes prendront l'arbre par le tronc, sans le pousser
de l'avant à l'arrière, comme cela se pratique ordinaire-
ment, méthode qui ébranle les racines et les brise sous la
pression; ou soulèvera l'arbre en ligne verticale, puis on
secouera la motte de terre avec plus ou moins de force
selon qu'elle sera plus ou moins pesante. En pratiquant
ainsi, on obtiendra des arbres avec de nombreuses et
longues racines qui donneraient toujours la certitude de la
reprise. On augmente le diamètre de la motte de terre
pour des arbres plus grands, ou diminuera pour de plus
petits. Il arrive très-fréquemment que les grosses
racines ont toutes poussé d'un côté; dans ce cas il faut
faire l'incision conforme aux racines. Ce genre de travail doit toujours être fait sous la direction du maître, ou
d'un homme compétent et de toute confiance; on
charge ensuite très-délicatement les arbres sur une
voiture avec des couches de paille alternatives et assez
épaisses pour empêcher les racines de se meurtrir par le
frottement réitéré du voyage; cette paille les garantit
en même temps du gel et de l'air. On renouvellera
cette même opération si l'on doit mettre les arbres en
chemin de fer ou les recharger sur une voiture.

Équilibre, arbres tournés et plantés

Chaque arbre doit être taillé et par cela j'entends
équilibré, les branches doivent être réduites dans la
même proportion que les racines; supposons un arbre
qui a été fort bien arraché et qui a de longues et nom-

breuses racines, les branches en seront peu réduites,
puisque les racines sont assez nombreuses pour
nourrir un nombre relativement considérable de branches. Supposons maintenant le cas contraire, c'est-à-dire
un autre arbre qu'on n'aurait pas réussi à bien arracher,
qui ne soit pas bien enraciné, ce qui arrive assez fréquemment et sur la reprise duquel on aurait des doutes ;
on le raccourcira en coupant la flèche et en ne laissant que
quelques brindilles comme appel de la sève, de manière
à éviter l'étouffement.

Les jardiniers font toujours les réductions des arbres
en forme régulière, c'est-à-dire en taillant les branches
en crochets, de bas en haut et laissant la flèche ; en ce
qui concerne les arbres à fruits et d'alignement, ce
genre d'opération est, sans aucun doute, le meilleur ;
mais il n'en est pas de même pour les arbres forestiers,
surtout si l'on doit composer un bois sauvage. Les réductions doivent être faites en forme très-irrégulière et de
la sorte, on aura tout de suite la perspective d'une forêt.

On ne doit jamais couper le bout des racines sous le
prétexte absurde de les rafraîchir ; on ne les coupera
qu'à de très-rares exceptions, par exemple lorsqu'elles
sont aux trois quarts brisées.

A l'exception des conifères, les arbres à feuilles caduques sont rarement fournis régulièrement de branches
en tous sens, il y a presque toujours un côté plus ou
moins dénudé. On sait que la partie d'un arbre tournée
au nord est celle qui est toujours le moins fournie de
branches ; pour obtenir un équilibre relatif on tournera
donc toujours au sud le côté dénudé de l'arbre que l'on
plante, de ce côté les petites branches se développeront

très-rapidement, l'arbre montera droit et ne sera nullement attiré en dehors de la ligne verticale par de grosses
branches qui forment un contre-poids contraire. Il en
sera de même quand on plantera des arbres pour une
avenue sur la lisière d'un bois, on tournera toujours le
côté dénudé extérieurement et s'il s'agit de pentes
abruptes, de vallées, on le placera sans considération au
nord ou au sud, selon que les branches pourront le
mieux se former.

Si l'on plante les arbres simplement dans des fossés
sans miner le sol, il est d'une nécessité absolue (et ceci,
tous les horticulteurs expérimentés le savent) que pour la
reprise des arbres, le fossé ait toujours un diamètre d'au
moins 50 centimètres de plus que le diamètre des racines. Si l'arbre planté tout meurtri, malade, dépaysé
dans un terrain différent de celui d'où il sort, étend ses
petites racines, embryons dans une terre non travaillée par
les racines des arbres voisins, elles seront refoulées
ou asphyxiées, tandis que si elles trouvent une terre
meuble elles donneront à l'arbre nouvellement planté
la force de lutter contre les anciens arbres voisins.

Si l'on plante un bois sauvage composé de nos essences
forestières, il faut, en prévision des déchets du *hâle* qui
est surtout à redouter, planter très-épais afin que les
arbres se garantissent réciproquement par leur ombrage.

Tous les arbres sont plus ou moins nuisibles aux sapinaies ou aux pineraies; en étalant leurs branches, ils
couvrent souvent la flèche des conifères et en paralysent
la croissance. Cependant on peut planter dans la proportion de 2 hêtres et 4 bouleaux par 100 arbres; j'ai

remarqué que dans les forêts, les conifères s'accommodent très-bien de ces deux espèces d'arbres; au reste le bouleau a le port presque pyramidal et quant au hêtre, ses branches s'étalent rarement. Au point de vue de l'ornement, le tronc blanc des bouleaux et le feuillage gai des hêtres se détachant sur la teinte sombre des conifères produit un ensemble fort agréable.

La plantation terminée, on fait en mars un bon binage et, avec la paille qui a servi au transport, une litière sur la plantation en jetant de loin en loin quelques pelletées de terre dessus, pour que le vent ne l'emporte pas; toutes les mauvaises herbes arrachées ailleurs que dans le bois ainsi que les différentes sortes de détritus seront d'une grande utilité pour produire de l'humus et empêcher l'humidité de s'évaporer; l'herbe qui pousse naturellement dans le bois doit aussi être conservée. Il est vrai qu'au dire de bien des gens elle absorbe l'humidité; c'est possible, mais pour ma part, l'expérience m'a prouvé qu'elle est plus utile que nuisible; plus elle est haute, plus elle abrite le tronc des arbres, ainsi qu'un grand nombre de semis de toutes sortes, et rend la terre moins susceptible de se plomber; au temps des pluies torrentielles, l'herbe empêchera encore le terrain d'être raviné surtout si l'on reboise les pentes abruptes. Dans les pentes plus ou moins raides, quand le tassement se fait après la plantation, les arbres sont toujours penchés dans le sens du terrain incliné. Pour éviter ce résultat fâcheux, il faut faire pencher les arbres en les plantant du côté opposé de la pente en dehors de la ligne verticale de 5 centimètres par mètre pour les pentes très-abruptes et de 2 centimètres seulement dans les terres légèrement inclinées ; peu à peu, par le tassement, les arbres reviendront juste dans la ligne verticale.

Plantation hygiénique.

Si l'on a devant soi une usine, une grande gare de chemin de fer, un entrepôt ou tout autre voisinage dont la vue ou l'odeur répugne, il est bon d'opposer une barrière de verdure assez épaisse, si possible est, pour arrêter même le bruit.

Les arbres les plus favorables sont les peupliers pyramidaux d'Italie, plantés à 2 mètres de distance les uns des autres avec quelques saillies irrégulières ; plus le terrain aura été miné et fertilisé, plus aussi les peupliers en raison de leur voracité pousseront vite. En trois ou quatre ans ils peuvent former un bon rideau en deçà duquel on plantera des pins sylvestres, dont l'odeur hygiénique chasse les miasmes nuisibles et dont le feuillage gris clair, les branches tortueuses, le tronc quelquefois difforme, rougeâtre et rustique ont un bel effet d'ensemble sur les peupliers qui balancent leurs cimes élevées.

Les pins noirs d'Autriche qu'on plante en trop grand nombre ne doivent pas être admis pour ce genre de plantation, ils se dénudent, leur parfum dans nos pays est insignifiant et leur verdure sombre n'est rien moins qu'agréable ; je ne les trouve beaux que plantés isolément et comme variété.

Pour bien cacher un fumier, on plante tout alentour des peupliers qu'on ne taille jamais comme le font les

paysans, le long des rivières et des canaux, et qui con-
serveront toutes leurs branches de bas en haut, pour
rendre le rideau plus épais, dans les intervalles, on plante
des buis en ménageant l'entrée des voitures sur un par-
cours de 8 ou 10 mètres. Cette entrée sera pratiquée en
forme de spirale; on aura ainsi une vraie cheminée de
verdure qui dirigera vers le haut tous les miasmes délé-
tères. Pour garantir de la poussière des routes, on plante
près de celles-ci des charmes et en deçà des pins
sylvestres.

Si de leurs fenêtres, des voisins indiscrets plongent leurs
regards dans votre modeste petit jardin, un bon rideau
de peupliers Thuyas orientalis vous en garantira; ces
arbres n'étalant pas leurs branches, n'empiètent pas sur
les voisins et il n'y aura donc aucune réclamation de
leur part.

Pour cacher quelque objet à l'ombre sous les grands
arbres on n'a pas le choix des plantes; les seules qui, à
ma connaissance réussiraient dans ce cas et même avec
un succès relatif, seraient les buis, les ifs, les thuyas et les
fusains ordinaires, tous à feuilles persistantes, mais il n'y
aurait que les deux premières espèces dont la réussite
serait certaine.

En plein midi et au soleil, pour dissimuler un mur ou
autre chose, si le sol est calcaire et d'une altitude par
trop élevée, les lauriers de Portugal ou les lauriers-
cerises rempliront fort bien le but.

Si l'on ne peut se procurer ces plantes, des arbres de
forêt rempliront le même but, sapins, chênes, hêtres,
charmes et tilleuls à petites feuilles le tout mélangé et
formant un fourré très-épais; à la fin de juin on coupera

les déchets, les chênes à 10 ou 15 centimètres au-dessus
du sol et au lieu d'un arbre, on obtiendra l'année suivante, une cépée, car les racines d'un chêne ne périssent
jamais pour peu qu'elles soient bien arrachées. Ce résultat se produira également en ce qui concerne les châtaigniers, mais non pas les hêtres qui sont les arbres de nos
forêts les plus difficiles à la reprise.

Au temps des grandes chaleurs, l'arrosage doit être
appliqué aux plantes de l'année ; pour des arbres à feuilles
caduques, de grands arrosoirs versés au pied seront
urgents, les *bassinages* leur sont aussi favorables, mais
ils sont presque indispensables aux conifères. On peut
faire venir de Paris, pour cet usage, des pompes aspi-
rantes et refoulantes par lesquelles l'eau est projetée à
une grande hauteur et retombe en pluie fine *oxygénée*
qui humecte les efuilles, lave les pousses de l'année et
rafraîchit l'arbre en tous sens. L'arrosage doit être pratiqué dans la matinée sur une plantation exposée à
l'ouest et dans l'après-midi sur une plantation exposée à
l'est, en sorte que les plantes n'aient pas à subir la tran-
sition d'une grande chaleur à la fraîcheur de l'arrosage.

Utilité des feuilles dans les bois et les bosquets.

En automne, chacun remarque avec tristesse la chute
des feuilles, avant-coureur de l'hiver, en pensant au cor-
tège de misères qu'il va déchaîner sur notre pauvre
humanité et en particulier sur les déshérités de la fortune.

Les feuilles tombent différemment les unes des autres ;

celles dont le pédoncule fait incliner la feuille par son contre-poids, décrit de longues et gracieuses paraboles, cette autre se balance dans l'air comme à regret d'être détachée de sa branche, cette autre tourne sur elle-même, enfin les plus légères sont emportées au loin par le vent.

On peut voir distinctement dans les bois trois couches de feuilles. La dernière tombée facilite l'introduction de l'eau dans le sol, en empêche l'évaporation et abrite du givre, des rats et des insectes les semis de toutes sortes qui composent les essences de nos forêts. Les détritus de bois qui forment aussi, humus aux autres espèces différentes de l'arbre mort en décomposition, telle branche morte inclinée sur le sol, si elle n'est pas foulée aux pieds ou emportée par un maraudeur, cette branche prenant l'eau à quelques décimètres, la répandra goutte à goutte sur le semis qui germera et prendra racine dès la première année. Grâce peut-être à cet arrosage aussi surprenant qu'imprévu, pendant les pluies bienfaisantes du printemps et de l'été.

La seconde couche de feuilles dont la décomposition n'est pas assez avancée pour qu'elle serve d'aliment au semis est retenue entre les deux couches comme entre des capitons et suffisamment élevée au-dessus du sol pour n'être pas tenue dans l'eau stagnante. Il en résulte une humidité régulière produite par les feuilles qui rejettent le superflu de leur eau et une température suffisante pour produire la germination des semis.

La première couche de feuilles réduite en terreau noir et léger est un humus indispensable aux radicelles et aux embryons nouvellement formés. Les semis qui sortent de dessous la première couche de feuilles, leur flèche

comme un aiguillon lâche mais flexible, sauront bien
faire leur percée pour se montrer au jour.

De nombreux vers de terre et d'autres insectes creusent
en tous sens dans la terre des galeries aussi utiles que les
veines dans nos corps ; les unes sont grandes, les autres
microscopiques mais toutes distribuent l'eau de pluie
par parties égales et sont des voies respiratoires pour les
racines et des conducteurs indispensables de l'humus
des feuilles et des détritus de bois mort dont la terre
sera saturée tant qu'elle est végétale.

Si les propriétaires donnent par leur bail, droit aux
fermiers et aux régisseurs d'ôter les feuilles ou laissent
faire les jardiniers qui presque toujours, sous le prétexte
absurde de *propreté*, enlèvent les feuilles des bosquets,
les bois les plus vigoureux prennent un aspect de désolation ; de grosses branches meurent et par suite les
arbres sont languissants, perdent leur feuilles avant la
saison et ceux que la vieillesse ou l'atrophie commencent
à atteindre meurent avant le terme assigné par la nature.
L'eau fuit sur le sol qui se plombe et quelques jours
sans pluie suffisent pour crevasser le sol, l'humidité s'é-
vapore, et les racines sont mises à nu. Quant à la reprise par les semis naturels des arbres qui manquent,
il n'y faut plus penser ; la terre mise à nu par l'absence
des feuilles, le gel, l'arrachage par le râteau ou l'écrase-
ment causé soit par les pieds, soit par la brouette ou la
voiture, contribueront immanquablement à faire disparaître les plus vigoureux semis qui tenteraient de germer
dans de pareilles conditions.

Dans les hautes futaies et les bosquets j'ai toujours vu
sans exception aucune les arbres mourir en grand nombre

par suite de la suppression des feuilles; certaines places complétement nues, presque arides ne produisent plus que quelques genêts, genévriers et autres sous-bois, mais aucun arbre ne vient remplacer ceux qui manquent.

J'ai visité une forêt de 5 ou 6 hectares dont le fermier ôtait chaque année les feuilles et qu'il faisait éclaircir, élaguer en dessous d'une façon pitoyable par ses valets de ferme; le bois avait une teinte jaunâtre toute particulière et les poussées étaient petites.

Dans les environs de Lyon, M. le comte de T. possède une fort belle futaie de chênes qu'il fait fréquemment visiter par le père B. et son gendre, (tous deux élagueurs d'arbres), dans l'espoir de conserver ses beaux arbres; mais que peut faire l'élagueur le plus intelligent et le plus habile en coupant des branches; rien, absolument rien, sur des arbres auxquels on enlève les feuilles.

Il serait oiseux d'insister davantage sur ce sujet et je passe aux travaux de terrassement, plantations, conduites d'eau, etc. qui se font presque toujours plus ou moins, après la vente d'une propriété, ici encore les arbres seront gravement ou mortellement atteints. Il y a d'abord le paveur qui, pour poser un pavé, supprimera sans nécessité des racines, puis on creusera une conduite d'eau, et s'il se trouve quelques maîtresses racines en travers on les coupera lors même qu'on pourrait les laisser subsister. J'ai vu des propriétaires peu expérimentés faire extirper les mauvais bois sous des futaies et donner les racines aux ouvriers qui les coupaient le plus possible sans distinction aucune de celles des arbres qui devaient rester puisqu'ils y étaient de la sorte intéressés. On me faisait venir ensuite pour soigner les pauvres arbres auxquels je ne pouvais faire grand bien ; je n'avais plus qu'à faire constater trop tard au propriétaire que si les arbres périclitaient et avaient de grosses branches mortes, cela venait de ce qu'il avait fait mal exécuter l'opération.

Puis viennent les architectes-paysagistes avec leurs nombreuses escouades d'ouvriers qui vont apporter le désastre ou du moins la perturbation par les mouvements de terrain, vallonnements, etc. ; d'un côté il sera supprimé de la terre, de l'autre elle sera exhaussée, si donc il y a des arbres, c'est d'une part la suppression des racines, le déchaussement et l'atrophie, d'autre part c'est l'asphyxie des racines par suite de l'exhaussement des terres ; chaque ouvrier du reste ne voit que son métier et il ne saurait apprécier la valeur des arbres d'ornement. L'homme est l'ennemi de l'homme, et chacun défend ses intérêts.

Le capitaliste doit se souvenir que s'il peut faire sortir de terre des palais splendides, il n'en est pas de même en ce qui concerne les arbres.

Depuis le simple ouvrier jusqu'au plus grand artiste quels que soient les hommes, tous peuvent s'abuser et pendant des travaux aussi critiques, le propriétaire doit exercer sa surveillance avec une sollicitude constante et régulière ; dans ces moments plus que jamais il doit conserver tout son libre arbitre.

Arbres de semis dans les campagnes.

Appareils.

Dans toutes les propriétés où j'ai été occupé, j'ai toujours remarqué qu'en certains lieux les arbres étaient trop nombreux ou venus de semis; sur la lisière des sapinaies et des pineraies on trouve des chênes, des châtaigniers, des hêtres, des bouleaux, enfin tous les arbres qui, selon les pays, croissent naturellement de semis. Pour composer un petit bois sauvage, on arrachera tous ces petits arbres avec la motte pour que la reprise ait plus chance de réussite et les sous-bois qui accompagnent toujours les arbres seront replantés de même.

On visitera ensuite les bosquets et sous les arbustes d'ornement, il y aura également des arbres de semis dont les plus grands pourront être utilisés pour remplacer les arbres morts dans les avenues, les salles d'ombrage, etc., s'il s'en trouve qui soient entrelacés dans les racines des arbres que l'on veut conserver, on ne peut, dans ce cas que les couper et mutiler avec une pioche la partie qui reste en terre, afin qu'ils ne fournissent plus de nouvelles poussées. Il y a là pour toute personne qui voudrait s'en occuper, économie de temps et d'argent; mais ce procédé est généralement ignoré, on passe et repasse devant quelques centaines d'arbres qui se combattent, meurent pour la plupart et livrent un combat à mort aux arbres de luxe étrangers que l'on aura plantés à grands frais. Il y a aussi une quantité considérable d'arbres qui, par suite de leur développement, se gênent réciproquement et qui, arrachés à temps peuvent être utilisés pour de nouvelles plantations. On plante toujours très-épais et il faut agir ainsi pour avoir des arbres beaux et bien droits; si l'on transplantait les arbres en suivant régulièrement le progrès de leur croissance, on arriverait à agrandir prodigieusement une plantation.

En 1874 j'avais plusieurs centaines d'arbres à soigner dans la propriété de M. V... à Vermont, près de la gare de Vaise, il y avait là à faire un reboisement assez important dont il me confia la direction; mais, comme je n'avais encore jamais fait de pareils travaux, je ne les entrepris pas sans hésitation; pendant plusieurs mois j'avais un compte courant de 40 à 50 ouvriers à surveiller et à payer chaque samedi, et tout cela me donnait un grand tracas. Dans cette propriété, comme dans presque toutes celles des environs de Lyon, la terre en certaines places est dure, veinée, et dans les veines il y a du blanc, espèce de silicate qui sépare les terre et laisse passer les eaux de pluie; les veines ressemblent assez à celles des pierres et l'on croirait que cette terre doit elle-même se transformer en pierre par la suite des siècles. Ces sortes de terres ne sont fertiles que lorsqu'elles sont minées, et que l'humidité s'y maintient ensuite quelque peu.

Les ouvriers firent leurs fossés comme cela se pratique habituellement : ils mirent l'engrais entre les terres et par deux fois en couches plates; comme je faisais faire le minage à 1 mètre de profondeur, il y avait par cela même une assez grande épaisseur de terre sans engrais; une chose qui me surprit fort, c'est qu'ils laissaient la dernière piochée de terre au fond du fossé, je leur en demandai la raison et il me fut répondu que c'était

l'habitude dans le pays, mon chef de chantier disait
n'avoir jamais vu faire autrement. Pour ma part je ne
compris qu'une chose, c'est que la dernière piochée
laissée au fond du fossé devait rester infertile et se re-
plomber puisqu'elle n'était pas mise au contact de l'air
et du soleil : il s'ensuivit une augmentation de travail de
15 % environ sans aucun profit.

Je fis complétement changer ce genre de minage et
mettre la dernière piochée à l'air ce qui augmentait l'é-
paisseur de la couche de terre végétale. Règle générale
pour les plantations d'arbres forestiers, on doit toujours
faire en sorte que la terre soit retournée, la mauvaise
dessus et la bonne au fond. Je fis venir des immondices
de rues ou balayures de ville que je fis appliquer en ligne
oblique de bas en haut dans le fossé du minage ; cette
méthode surprit quelque peu mes ouvriers ; ils se ren-
dirent cependant bientôt compte du double avantage
que présentait cette manière d'opérer ; l'engrais traver-
sant ainsi tout le terrain miné facilite l'introduction de
l'eau et évite en grande partie le plombage ; les couches
sont mises à 50 centimètres de distance, par cela tout le
terrain en est saturé et les racines des arbres, qu'elles
soient traçantes ou pivotantes, se trouvent en avoir par
parties égales, puisqu'elles perçent en tous sens les
couches d'engrais.

Dans cette même propriété il y avait à transporter de
fort beaux arbres superflus en certains endroits ; quelques-
uns étant assez gros et difficiles à transporter dans les
terrains en pente raide comme ceux des environs de
Lyon sur les rives de la Saône, on ne pouvait faire venir
une de ces magnifiques machines à transporter les

Fig. 3. — Appareil à bras pour transporter les arbres.

arbres dont on se sert à Paris et qui ne peuvent être utilisées que dans les terrains parfaitement carrossables. Je
fis donc moi-même une petite machine portative pour
huit hommes (fig. 3), car j'avais à cœur d'utiliser des
arbres dans de pareilles conditions, où grâce à la simili-
tude du terrain la reprise est toujours assurée. Assurément ce petit appareil est bien loin de rivaliser avec les
machines de Paris, il n'est pas moins un intermédiaire
très-utile et peu coûteux comme on va le voir.

On prend de préférence du bois de frêne, la courbe
porte-arbre longue de 1 mètre 50 centimètres sur une
largeur de 15 centimètres et longue de 40 centimètres,
cette surface doit être garnie d'un coussin en gros cuir
rembourré de crin pour éviter toutes blessures aux arbres; la longueur des brancards doit être de 3 mètres
pour 8 hommes et de 4 mètres pour 12, il faut 2 crochets
au porte-arbre et 2 anneaux en fer aux brancards. On
arrache, ou pour mieux dire, on déracine avec le plus
grand soin l'arbre destiné à être transplanté quand il est
couché. Si le volume de terre est trop considérable pour
être transporté on *chevillonne*, non avec la pioche qui
blesserait les racines, mais avec des baguettes de bois
aiguës, pour faire tomber la terre excédant le poids que
peuvent porter les 8 ou 12 hommes; on passe ensuite le
porte-arbre sous le tronc et ras de la motte, on le fixe
avec une corde, afin qu'il ne puisse glisser, puis on accroche les deux brancards. Celui qui dirige la plantation
doit être placé derrière les hommes, il tient la tige de
l'arbre en équilibre afin qu'elle ne traîne pas par terre
et à son commandement de oh! iss!! tous les hommes
lèvent ensemble et se mettent les brancards sur les épaules.

Pour régulariser la marche, le chef commande le pas comme à un régiment : une! deux! une! deux!

J'ai employé cet appareil dans le parc magnifique de la Motte, en présence de M. le marquis Costa de Beauregard, au château de la Ravoire chez son frère M. le comte Paul Costa de Beauregard, ainsi que dans la somptueuse villa de M. Edemon Favre, à la Granges près de Genève. Je transportais des arbres d'un diamètre de 10 et même de 15 centimètres avec beaucoup de facilité, mais à de petites distances seulement, car dans le cas contraire il y avait perte de temps. On peut marcher dans toutes sortes de terrains accidentés, l'arbre étant suspendu reste toujours dans la ligne verticale; que quelques hommes soient dans un léger enfoncement d'autres sur une petite élévation, les uns comme les autres porteront toujours le même poids.

Arrivé près du fossé, on regarde la forme des racines et pour ne pas fatiguer inutilement les porteurs, on pose l'arbre sur un chevalet qui a la forme d'une demi-lune et qui est rembouré aussi de cuir ou de chiffons; on examine ensuite, pour s'y conformer, si le fossé est de forme ovale, concave ou convexe, on y pose doucement l'arbre en étalant bien les racines afin qu'elles soient remises dans leur position naturelle ce qui est une affaire très-importante pour la reprise, sans cela, la pression du terrain peut les rompre ou les froisser en sorte que la sève n'ait plus sa libre circulation. En bonne pratique, l'arbre doit toujours être plus bas en terre de 5 centimètres, et en moyenne le tassement est encore de 5 centimètres ce qui donne 10 centimètres de plus aux racines de l'arbre, il sera de la sorte mieux garanti de la sécheresse, la reprise en sera plus assurée, il n'y aura aucune crainte de l'axphyxie des racines.

Dans les pays où le sol est profond et substantiel, les arbres croissent d'une façon très-rapide, mais pour peu qu'ils soient aux prises avec le vent, les arbres bifurqués se déchirent; une des deux branches se brise beaucoup plus bas que la bifurcation, l'autre qui reste isolée a par ce fait, complétement perdu son équilibre et les racines n'ayant plus les branches nécessaires pour l'écoulement de la sève, la branche qui reste sera par suite de l'excédant de sève surchargée de feuillages et de brindilles qui en augmentent considérablement le volume et le poids. Le côté de la déchirure, mis à nu, sera immanquablement attaqué et perforé par les insectes qui affaibliront encore le peu de résistance que le bois pourrait offrir au vent et après deux ou trois ans, la branche sera à son tour brisée, en sorte que d'un bel et vieux arbre séculaire, il ne restera plus qu'un tronçon sans branche.

Pour conserver le demi-arbre, il faut rétablir l'équilibre en coupant au moins les 2,5mes du volume des branches et il en résultera de nouvelles poussées, près de la partie déchirée, car les racines enverront toujours la sève dans la direction de la branche brisée ou coupée. Cet élagage ainsi pratiqué, on enlève toutes les brissures de bois, afin que la plaie soit bien mise à net et l'on y passe en suite une bonne couche de goudron, de gaz pour en détourner autant que possible les insectes. Il est certain qu'on n'aura plus un bel arbre mais au besoin il faut toujours se contenter de ce que l'on a.

Je suis d'avis que rien ne rend l'homme industrieux comme le besoin. Près de Harlem, en Hollande, je visitai

le bois de cette ville ainsi que la vieille avenue des Es-
pagnols composée de tilleuls gigantesques; pour garantir
ces arbres vénérés par les Hollandais, mais de sanglante
mémoire, on a appliqué à chaque branche de quelques-uns
des arbres bifurqués un collier de fer ainsi qu'une qu'une
barre de même métal, recourbée aux deux bouts introduite ensuite dans un anneau qui lui était destiné, sur
chaque collier de fer posé aux deux branches qui for-
meraient la bifurcation. Cette barre n'ayant aucune
liberté de mouvement les branches étaient projetées de
droite ou de gauche selon les coups de vent et il en ré-
sultait un grincement, et pour les arbres, un malaise dont
je me rendis compte en constatant la furie du vent de
mer, qui souffle environ 300 jours dans l'année en
Hollande.

Il me vint alors l'idée de créer un appareil (fig. 4), qui
laisse à l'arbre toute liberté de se mouvoir, qui l'exempte
de blessures tout en lui facilitant la cicatrisation, s'il y a
eut velléité ou commencement d'écartellement des bifu-
cations; cet appareil qui doit être en fer fin et de forme
ronde, aura 9 centimètres pour les arbres moyens, 7 centimètres pour les petits arbres et 12 centimètres de circonférence pour les plus gros arbres.

On prend la mesure en circonférence de chaque branche, puis la mesure de la distance d'une branche à
l'autre. Il se peut que les branches aient des aspérités,
ou qu'elles soient courbées; dans ce cas on pose à la
hauteur de la bifurcation que l'on jugera convenable,
mais au moins de 1 à 4 mètres, le plus haut des deux
anneaux coulisses, celui qui reçoit le choc doit être très-
fort, le boulon d'arrêt doit avoir 4 centimètres au moins

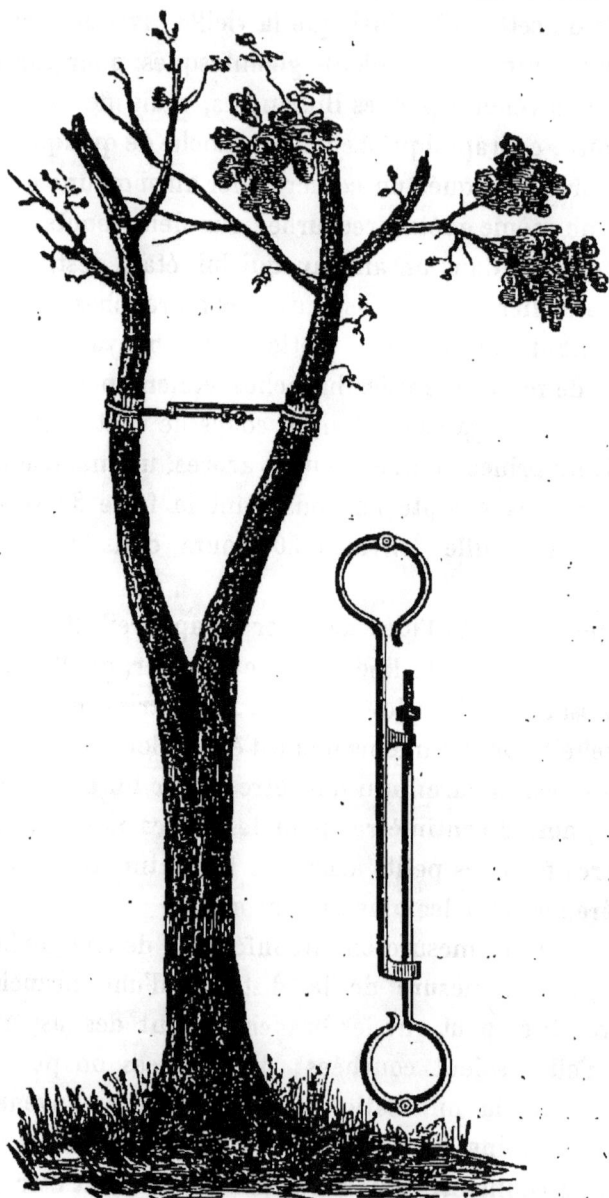

Fig. 4. — Lunette à coulisses pour rejoindre deux branches séparées
accidentellement à leur naissance commune.

de longueur, pour résister aux violents orages et au choc de la collision entre l'*un et l'autre*. Chacun doit comprendre, sans être forestier, que les vents écartent et rapprochent les deux branches qui composent la bifurcation d'un arbre, comme on écarterait ou rapprocherait les deux doigts d'une main, donc plus on pose l'appareil haut, plus il faut d'espace entre le boulon et l'anneau coulisse, supposons donc que l'on pose l'appareil à un mètre seulement au-dessus de la bifurcation on laissera un centimètre de vide à 2 mètres, 2 centimètres à 3 mètres, 3 centimètres à 4 mètres, etc., c'est-à-dire un centimètre par chaque mètre d'élévation de l'appareil au-dessus de la bifurcation. Le vide entre l'anneau coulisse et le boulon, est ce que je nommerai le *jeu* qui laissera les deux branches se mouvoir librement. Sa Majesté la reine de Hollande daigna me complimenter elle-même, pour l'application d'un de ces appareils à un vieil arbre auquel elle attachait beaucoup de prix et qui est dans sa villa d'été, près de la Haye.

En 1866, je passai avec la municipalité de D., (Jura) un acte par lequel je m'engageais à soigner les arbres de la promenade de Saint-Maurice et des Archers, et entr'autres travaux à enlever la mousse qui se trouvait en couches fort épaisses. J'ai vu dès lors, bien souvent ôter la mousse des arbres de haute futaie, et le résultat a toujours été franchement négatif; et n'aboutissait qu'à enlever le pittoresque. On me dira qu'en faisant cette opération aux arbres à fruits des vergers, on obtient toujours un très-bon résultat, il est vrai que les arbres à fruits, par suite des greffes, de la taille et de l'abâtardissement, ne sont que des martyrs dont la végétation est tourmentée, et qui sont complétement à part des arbres naturels de haute futaie; il n'y a donc rien d'étonnant qu'ils s'accommodent d'un traitement tout spécial.

Quant à ceux-ci, je conseille pour avancer la besogne, de faire faire une râclette (fig. 5) en feuilles minces d'acier très-fin, et trempe avec des dents en scie que l'on affûte à mesure qu'elles s'usent, et une douille en fer recourbé que l'on accroche à la ceinture. Lorsqu'on émousse, si la râclette rencontre une aspérité, il se pro-

Fig. 5. — Râclette à mousse.

duit un arrêt assez brusque qui, avec les râclettes ordinaires fait donner des doigts contre l'arbre et amène souvent des égratignures qui causent des douleurs aiguës pendant les froids surtout: de là, hésitation instinctive contre le mal, on tient la main à distance de l'arbre pour se garantir, on se fatigue énormément le poignet et à la fin de la journée, on a fait peu de travail; avec ma nouvelle râclette, le manche glisse sur le bois comme un rabot, il sert de modérateur, peut être appuyé à volonté, et garantit parfaitement les doigts contre tout accident.

M. Hentsch, banquier à Paris, possède sur la terrasse de sa maison de campagne à Céligny (Suisse) un joli tilleul de 1 mètre et quelques centimètres de circonférence, qu'il aurait planté lui-même; cet arbre étant situé sur du terrain rapporté, avait pris un développement prodigieux qui n'était pas en rapport avec le peu de solidité du sol et un coup de *Joran*, vent d'une extrême violence qui vient du Jura, le renversa à moitié ; il en résulta une désorganisation des racines, dont il souffrait assez pour que le feuillage en fut jauni. M. Hentsch, à qui on avait proposé de le ravaler pour le renouveler, eut l'heureuse idée de ne pas laisser déshonorer cet arbre, et dans le temps que je donnais des soins au gigantesque tilleul de Céligny, arbre historique, planté par un prêtre en 1535, il me fit demander pour examiner son tilleul. Je retranchai deux branches qui représentaient environ la cinquième partie du branchage total ; j'avais ainsi déjà quelque peu rétabli l'équilibre, mais pour la guérison des racines qui avaient été froissées ou écorchées, ce n'était pas suffisant. Je fis alors avec mon couteau, un petit modèle d'appareil (fig. 6) que le charpentier reproduisit en grand : quatre madriers en bois de chêne reposant sur des blocs en pierre, scellées avec du ciment et élevée de 5 centimètres au-dessus du sol sur les quatre côtés et charpentes croisées ; au sommet de la charpente et sous les premières branches de l'arbre, il y avait deux mortaises à coulisse dans lesquelles étaient introduits deux montants placés horizontalement, qui rapprochés, formaient une lunette dans laquelle était le tronc de l'arbre complément immobilisé. Aux mortaises à coulisse étaient fixés quatre coins que les charpentiers nomment des clefs, et qui se serraient ou se desserraient à volonté jusqu'à ce qu'on jugeât que les racines s'étaient bien raffermies ; du fil de fer galvanisé fut fixé de bas en haut de l'appareil pour faire monter des plantes grimpantes.

M. Alfred André de Paris, propriétaire actuel du château de Crassir, près de Divonne (Ain), me montra dans son parc un gigantesque noyer, environ deux fois et demi

séculaire, et à la base duquel poussaient des champignons, ce qui est toujours de mauvais augure. Entre

Fig. 6. — Appareil à redresser les arbres couchés par un grand vent.

deux grosses racines, je fis, comme les renards, un trou
plongeant par lequel je pus constater que toutes les

racines pivotantes étaient complétement détériorées et ressemblaient à de l'amadou; il ne restait plus que les racines traçantes, en partie atteinte elles-mêmes. Dans ce cas; je crois que les hommes ne peuvent rien faire pour arrêter ou prévenir le mal, car c'est une loi de la nature que les arbres très-vieux qui ont poussé vigoureusement dès leur jeunesse, dans des terres profondes, substantielles et humides, se vident complétement par le bas, sans qu'il y ait aucune *carie-gouttière*; le vide est toujours de forme très-conique, allant surtout en s'élargissant dans le bas, d'une manière démesurée et finissant en pointe aiguë à 2, 3, 4, et rarement 5 mètres d'élevation; des millions de fourmis noires perforent ce bois décomposé, tandis qu'elles n'attaquent jamais le bon bois et doivent être considérées comme absolument inoffensives. Les marchands de bois, novices dans leur métier, doivent apprendre ce qui résulte de l'achat d'arbres ayant à leurs pieds st sur le tronc des fourmis noires et qui pour la plupart ne sonnent pas le *bornu*, lorsqu'on les frappe avec la tête de la hache, ce bois perforé, mâché, broyé et mélangé avec les détritus de fourmis, forme un humus excellent, ce qui explique la vigueur des petits arbres qui poussent au pied des arbres en décomposition. Si l'on met, par exemple, au pied des peupliers, quelques glands, des faines, des châtaignes ou des graines de tilleuls, n'importe l'espèce, pourvu qu'elle soit différente de l'arbre, on verra tout cela germer et faire de très-vigoureuses poussées. Chacun peut remarquer des arbres qui n'ont presque que l'écorce et qui fournissent néanmoins un fort beau feuillage, bien vert, parce que la nature s'est chargée de rétablir l'équi-

libre entre les racines et les branches, en brisant quelques-unes de celle-ci. Malheureusement pour la plupart
des arbres, les choses ne se passent pas de cette manière :
ils conservent toutes leurs branches jusqu'à ce qu'un
orage les brise ou les déracine par le bas. Ce pouvait être
le cas du beau noyer de M. André, je fus donc obligé de
rétablir l'équilibre et d'en amputer une partie, environ
six branches dans le haut et par le côté, ce qui repré-
sentait le volume d'un arbre moyen, c'est-à-dire 10 quin-
taux environ.

Dans des cas aussi graves, pour ne pas commettre de
bévues et s'assurer du consentement des propriétaires,
je recommande à l'élagueur un système fort simple. Il
prendra un bâton de la hauteur d'homme, qu'il appointera pour le fixer en terre (fig. 7) dans le haut et par
le côté, il fixera avec un clou ou de préférence une vis
une petite baguette mobile qui sera fixée également au
bas de l'arbre, *la partie même ou la branche doit être
amputée*, absolument comme ces individus, qui sur les
places publiques montrent avec un télescope, aux badauds
la lune ou les étoiles. Avec ce point de mire, on est
toujours sûr de réussir et d'avoir le consentement plein
et entier des propriétaires, puisque c'est lui-même qui
aura pu déterminer et même changer le point désigné
par l'élagueur, on calculera également, si possible est,
le nombre des racines pourries et par le volume, on
jugera de la résistance qu'elles pourront opposer au
vent. Si l'arbre a conservé toutes ses branches bien vertes
et vigoureuses, ce qui est très-souvent le cas, on les
coupera dans la même proportion que les racines
détériorées. Je comprends qu'il est pour les personnes

intéressées, très-douloureux de voir réduire les branches
et rapetisser de beaux arbres, mais il faut bon gré, mal

Fig. 7. — Mire ou point de vue de l'élagage.

gré prendre son parti, faire la part du mal et se soumettre aux lois de la nature !   5

J'ai dit plus haut qu'il est impossible d'arrêter les
écoulements de sève, mais on peut au moins les localiser.
Dans la grande cour d'honneur du château de Crans,
près de Céligny (Suisse), il y a 6 platanes atteints de ces
sortes d'écoulement, par suite de lésions intérieures
résultant d'un élagage à la française mal pratiqué ; ces
écoulements fort laids, sur lesquels on avait appliqué
sans résultat des goudrons de gaz, suintaient le long des
troncs des arbres et formaient des excroissances de bois,
partagées en deux, de forme ovale, et également longitudinales. Dans la partie plate ou concave de l'arbre à
la hauteur d'un mètre, à la place où je jugeais que j'at-
teindrais le mieux les fissures, je perçai avec une tarière
un trou qui, pour quelques arbres atteignit 40 centimètres, pour d'autres arbres 25 à 30 centimètres de profondeur. Lorsque j'eus atteint la principale fissure, toute
cette sève en décomposition coula abondamment pendant
une demi-journée. Trois ans après cette opération, ayant
été appelé dans cette même propriété pour quelques
travaux d'élagage, j'avoue sincèrement que mon étonnement fut grand en voyant les platanes complétement
guéris ; un seul avait fait exception, et cela venait de ce
que le bourrelet en croissant, avait bouché le trou ;
j'élargis le bord du trou de tous ces platanes qui, à
l'heure qu'il est, se portent à merveille par suite de ces
cautères fonctionnant régulièrement.

Voici un autre cas très-rare : en 1871, je m'étais chargé
de l'entreprise de mastiquer les caries des arbres du Corso
et du jardin vieux, au nombre de 1200 pour le compte
de la municipalité de Milan (Italie). Ces caries pour la
plupart résultaient de ce que les chevaux de l'armée fran-

-çaise pendant la guerre de 1859, avaient été attachés à ces
arbres et en avaient mangé en partie l'écorce ; ce sont
presque tous des marronniers, et l'un, entr'autres, situé
près de la prison, avait l'écorce enlevée sur une hauteur
de 1 mètre environ ; ses poussées étaient petites, et ses
boutons en bon état, il n'avait pas de cavité *avec la plus
petite bande d'écorce*, était bien rond et ne paraissait nullement creux à l'intérieur, où quelques bandes d'écorce
auraient pu servir de conducteurs à la sève, cependant
l'arbre végétait. Faut-il attribuer ce phénomène au pas-
sage de le sève dans les *pores* du bois, c'est assurément
mon opinion : de ceci je conclus à l'utilité du célèbre
onguent de Saint-Fiacre qui s'emploiera avec succès
toutes les fois que l'écorce d'un arbre vigoureux aura été
en partie enlevée. Grâce à l'onguent de Saint-Fiacre,
mou, flexible, non-seulement il se formera des bourrelets
autour de la plaie ; mais on trouvera en certaines places
des plaques d'écorce très-tendre, formée par la sève
sortie des pores de l'arbre. En renouvelant ce pansage
l'année suivante, j'estime que toutes ces petites plaques
se joindront et qu'il y aura par la suite, guérison complète. Ce résultat, je l'ai vu obtenir par des jardiniers
qu'on traitait de routiniers, parce qu'ils suivaient le système de Saint-Fiacre, leur illustre patron. On n'obtiendra
jamais ce résultat avec le goudron de gaz ; bien au contraire, si on le passe sur des chancres pour détourner
les insectes, et qu'il y ait un bourrelet sur lequel le
goudron soit répandu, il est par là complétement brûlé.

En passant à Paris, quelques temps après la Commune,
je vis sur les promenades de jeunes marronniers,
pour les garantir de la dent des chevaux, on les avait gros-

sièrement barbouillés de goudron., Je suis convaincu
que quelques-uns doivent en être morts, et un
grand nombre paralysés dans leur végétation. En
mettant le goudron par bandes longitudinales, à distance
de 8 ou 10 centimètres les uns des autres, on obtiendrait
absolument le même résultat, la sève circulerait sous
les parties non-goudronnées, l'arbre conserverait sa
vigueur, et les parties goudronnées pourraient toujours
se guérir.

Il est généralement assez difficile, lorsqu'il se fait une
brèche dans une avenue, de remplacer l'arbre mort avec
avantage, et ce cas se présenta à Vermont. Je fis faire un
défonçage de 4 mètres carrés, sur 1 mètre de profondeur,
je le fis mélanger avec des immondices, et avec mon
appareil on y apporta un magnifique marronnier que
j'avais trouvé superflu dans la propriété; il reprit fort
bien, mais lorsque ses racines se trouveraient en contact
avec celles des gros arbres, ses voisins, il devait infailliblement demeurer stationnaire et être presque arrêté
dans l'essor de sa végétation. J'avais du côté extérieur
la route fortement ferrée, et il était impossible aux racines
de trouer cet obstasle. Un des principaux architectes de
Paris était en ce moment à la campagne : je lui soumis
un projet qui fut hautement approuvé : il s'agissait de
faire en ciment de Portland, une coulisse carrée
de 50 centimètres de diamètre coupant la route. Cette
coulisse ou canal devait avoir des côtés ovales qui em-
boîteraient les racines du marronnier. Je remplis cette
coulisse d'immondices mélangés de bonne terre, puis je
recouvris cette coulisse fortement cimentée en pierre
sans aucune ouverture, afin que les racines des arbres

ne pussent y pénétrer, et à chaque extrémité je fis une petite cheminée élevée de 10 centimètres au-dessus du sol, pour amener la décomposition du terrain et aérer les racines du marronnier. Par ces ouvertures, on introduisit les premières années, pendant les mois de mai ou de juin de grands arrosoirs d'eau, et actuellement les racines ont atteint la terre végétale de l'autre côté de la route, de sorte que le jeune marronnier grandit et se porte bien, grâce aux racines qui ont pu se former dans le canal et qui lui fournissent les sucs nutritifs nécessaires.

Coups de soleil. — Conduite de jeunes arbres. Bois et bosquets d'agrément.

Tous les arbres, excepté les conifères platanes, chênes, peupliers, acacias et noyers, redoutent plus ou moins les coups du soleil oblique du couchant pendant les fortes chaleurs, de 3 à 7 heures, les marronniers, tilleuls, sycomores, hêtres et châtaigniers en particulier, s'en trouvent très-affectés: leur écorce brûlée se détache, les insectes perforent le bois jusqu'au cœur, et il s'en suit une carie chancreuse, longitudinale, en forme de gouttière qui ôte tout espoir pour l'avenir. De ces arbres ainsi affectés, un certain nombre meurent, les autres végètent misérablement. On n'a au contraire, rien à redouter du soleil levant, et les arbres plantés dans un terrain incliné à l'est, ne doivent donner aucune crainte, surtout sur une montagne où de grands arbres voilent le soleil vers les 5 heures du soir.

C'est dans les terres tournées à l'ouest que les coups de

soleil particulièrement sont à redouter, et là plus qu'à
toute autre exposition, on doit s'attendre à un grand
déchet des arbres nouvellement plantés. Ici donc, comme
dans les terres en plaine, toute personne soucieuse du
soin de ses arbres, passera en revue leurs troncs du côté
de l'ouest, et s'il se trouve quelque arbre dont le côté
soit seulement plat ou enfoncé, crevassé comme une
gouttière, qui n'ait que quelques trous faits par les
insectes, sans que l'écorce soit soulevée, qu'il ait une
certaine vigueur et qu'il soit dans un bon sol, il sera
bien vite rétabli, pourvu qu'on ait soin de garantir le
tronc contre l'action du soleil.

Pour atteindre ce but, on plante seulement sur le côté
atteint des clématites blanches, azurées ou violettes,
des chèvrefeuilles, des rosiers du Bengale, des ronces
grimpantes ou même des églantiers sauvages ; je proscris
la vigne vierge comme très-nuisible aux arbres, je consi-
dère les paillassons appliqués aux troncs, comme une
chose horrible à voir. Les plantes que je recommande
sont toutes charmantes, réussissent en toute saison et se
trouvent en pots chez les horticulteurs : en plein mois de
juin, j'ai planté avec la motte des églantiers qui tous ont
bien repris ; on les fixe sur le tronc avec des osiers ou
du fil de fer.

Si l'on ne veut pas faire cette dépense, il suffit de
laisser croître les branches basses de l'arbre, et de conserver toutes les petites brindilles qui poussent le long du
tronc en quantité suffisante pour se préserver du soleil ;
de cette manière, les arbres s'abriteront réciproquement
par leur ombrage projeté. Si l'on fait des coupes de
bois, les gardes doivent réserver une *cépée* quelconque

pour abriter les arbres isolés, destinés à la reproduction
du genre ; ce serait un grand malheur si l'on faisait une
tranchée dans une futaie de hêtres et que le tronc de ces
arbres fut ainsi exposé au plein soleil de l'ouest ; j'ai vu
cela quelque part, c'était un vrai désastre.

Dès la deuxième et jusqu'à la huitième ou dixième
année de plantation, on doit élever suffisamment les
jeunes arbres dont le tronc doit avoir généralement une
hauteur de 4 ou 5 mètres, il ne sera de la sorte coupé
que des brindilles d'un diamètre insignifiant, dont la
cicatrisation se fait pour la plupart complétement la première année. Dans les cours de ferme, le long des chemins où il doit passer des chars de foin ou d'autres
chargements très-élevés, dans les promenades publiques,
une élévation de 5 mètres et peut-être davantage est de
rigueur ; on tiendra compte de l'inclinaison vers le sol des
branches basses, ce qui réduira la hauteur à 4 mètres au
moins, et l'on n'attendra pas que les branches gênent
pour les couper, car il serait trop tard. Supposons le cas
d'un arbre, qui, outre sa flèche ait de côté une très-
grosse branche représentant environ le tiers de l'arbre :
(voilà certes une chose que l'on voit tous les jours), et que
pour avoir négligé d'élever cet arbre dans sa jeunesse,
on soit obligé de couper la grosse branche, l'arbre sera
complétement gâté et déshonoré. Prenons-en un autre
ayant deux branches latérales qui en représentent aussi
le tiers ou la moitié, après l'amputation, la proportion
du tronc avec les branches restantes n'existera plus. Puis
viendra la carie, la désorganisation, enfin tout le mal
qui résulte pour les arbres auquel on aura coupé de
grosses branches. On peut constater ce funeste résultat

sur quelques marronniers de la place de Bellecour, à Lyon, il n'est pas nécessaire d'être forestier pour comprendre que si on avait coupé, lorsqu'elles étaient que des brindilles, les branches dont je viens de parler, toute la sève dont elles se sont nourries se serait portée plus haut, cela sans perturbation aucune pour l'arbre ainsi taillé? Ce résultat fâcheux se voit aussi sur des arbres des boulevards à Paris, il n'est pas rare de voir des tailles ressaules de 10 centimètres et même davantage, mais si la conduite en tant qu'élagage reste quelque peu à désirer, on ne saurait trop admirer l'ingénieux système de grillage de fonte posé aux pieds de chaque arbre servant à la reprise, à l'introduction de l'humidité et à l'aération des racines. Comment se fait-il que ce système d'une si grande utilité aux arbres ne soit pas mis en pratique en notre bonne ville de Lyon, où le besoin se fait pourtant si sentir.

Depuis des temps immémoriaux, en plantant des noyers on en coupe la flèche ; à quelques centimètres au-dessous de la coupe, il pousse dès la première année plusieurs jets vigoureux qui restent ensuite abandonnés à eux-mêmes ; les plus forts tuent les plus faibles, l'arbre ne conserve que le nombre de branches qu'il peut porter, et celles-ci poussent d'une manière très-irrégulière, latérales, inclinées, quelque peu montantes et verticales ; de là, cette grande touffe ramifiée de grosses branches sur un tronc énorme, mais très-court qui sont pour la plupart fort pittoresques. Quelquefois, il se forme naturellement une flèche : les arbres poussent dans ce cas, à une hauteur prodigieuse et l'on admire leurs tronc droits et magnifiques qui seront ou sont déjà d'une grande valeur pour la fabrication des meubles. Pour obtenir le même résultat, on fixe un tuteur à la moitié du tronc environ, après avoir au préalable cloué 2, 3 ou 4 petites lanières par un bout seulement ; on choisit la plus grosse branche ou brindille et celle qui est le mieux d'aplomb est fixée au tuteur ; on cloue ensuite l'autre bout des lanières, de sorte que la branche destinée à former la flèche soit introduite verticalement dans des anneaux assez larges pour faciliter toute liberté à sa croissance, on coupera une partie des autres brindilles qui doivent disparaître.

Lorsqu'autrefois, je plantais des noyers, je les crochetais comme cela se fait pour les autres arbres ; ils poussaient mal, quelquefois la flèche mourait, il repoussait plus bas deux ou trois tiges vigoureuses et je voyais des horticulteurs obtenir le même résultat. Plus tard, mon expérience me prouva que j'avais tort, et qu'il fallait en revenir au bon vieux système qui consiste à les couper net aux bifurcations, comme les saules blancs que l'on plante près des eaux : je fais ici uniquement la sylviculture d'agrément.

Les vieux saules blancs-têtards dont on aura fait cesser l'élagage, doivent conserver toutes leurs caries longitudinales fort pittoresques, leur feuillage blanc est d'un joli effet dans les grands parcs et prévient en faveur de leur conservation, à ce point de vue, on ne doit pas non plus élever tous les arbres de la même manière ; ceux qui auront une apparence bizarre ou une conformation très-difforme, ne doivent nullement être élagués, puisque dans une campagne d'agrément, il faut des arbres de toutes les formes pour varier le paysage.

Dans les bois et bosquets, lorsque l'élagueur doit faire

des éclaircies et des élagages, il agira avec une extrême
prudence, saisira ou devinera autant que possible les
goûts du propriétaire et lui exposera le résultat de l'opération présente et future. Les vieux arbres d'un bois ou
d'un bosquet, laids, difformes, courbés, et couverts de
protubérances, doivent toujours être religieusement con-
servés, en raison surtout de leur grand âge et du pittoresque qu'ils produisent. Si, à une certaine distance d'un
de ces vieux arbres et sous une de ses branches, il se
trouve un jeune sujet d'une apparence vigoureuse et dont
l'espèce soit digne de cette faveur, on réduit légèrement
la branche du vieil arbre, afin de favoriser le développement du plus jeune ; par contre, si l'un de ces vieux
arbres est couvert ou trop enveloppé par les branches
des arbres voisins, on réduit les branches de ceux-ci,
et si l'espèce est mauvaise, on les extirpe.

L'élagueur conduit par le propriétaire, doit faire preuve
de goût artistique, et répondre à ses questions le plus
simplement possible, car la simplicité, la vérité et la
naïveté même, sont le corollaire de la nature et du naturaliste. Arrivez-vous à quelque détour de sentier, où l'on
rencontre un vieil arbre incliné écrasant toute une pépinière de petits arbres et que le propriétaire serait tenté
de faire arracher, conseillez-lui fortement de le respecter.
Plus loin toujours dans le même bois, si l'aspect vous
paraît sauvage et digne, conseillez vivement encore de
laisser cette partie et peut-être le bois entier à l'état complétement vierge ; vous serez toujours hautement appuyé
par les dames qui se chargeront de faire mettre à exécution vos bons conseils de naturaliste.

Arbres d'avenues.

Le grand artiste LENOTRE avait donné aux plantations une impulsion telle que, toutes les avenues de vieux arbres qui nous viennent de lui ou de son époque, sont magnifiquement composées d'arbres de choix, tilleuls, marronniers, ormeaux, chataigniers, chênes, noyers, hêtres, etc. Aujourd'hui, il n'en est plus de même, et s'il se fait une brèche dans une avenue par la mort d'un de ces vieux arbres, celui-ci sera remplacé par un platane, un vernis du Japon, un sycomore, sumac ou acacia, ce qui est purement dérisoire.

Un château qui se voit au fond d'une longue avenue droite, donne du prix à une propriété, outre les quelques noyers disséminés que l'on doit toujours planter dans les champs cultivés, une avenue de ces mêmes arbres allant aboutir au corps de logis principal, ou plantée dans un champ cultivé, sera fort bien conçue, car en dehors de l'abondante cueillette de noix, le bois de noyer est de nos jours extrêmement recherché par l'industrie, et leur rapide croissance les rend propres à l'exploitation après 50 ou 60 ans.

Des peupliers blancs d'Hollande composeraient une fort belle avenue dans l'intérieur d'un bois, leur feuillage blanc argenté produisant un admirable effet sur le feuillage vert ou sombre de nos forêts. Dans une propriété, près de Tours, j'ai soigné il y a quelques années, une magnifique avenue de quatre rangées composée de ces arbres. Dans les terrains libres, on plantera au nord des hêtres, à l'est ou au sud des tilleuls à grandes ou à

petites feuilles, à l'ouest qui est toujours l'exposition la
plus redoutée par les arbres, des marronniers, des ormeaux ou des chênes. L'exposition de l'est est particulièrement favorable à la croissance des châtaigniers.

Dans tous mes voyages en France, je n'ai rencontré
qu'une seule avenue de chênes qui aboutissait au château
de Vougy, près de Roanne (Loire). Plantés en ligne
droite et à une égale distance les uns des autres, ils
pouvaient être trois ou quatre fois séculaires ; un certain
nombre étaient déjà morts de vieillesse, lorsqu'en 1865,
je leur ai donné quelques soins.

En Angleterre, en Allemagne et en Hollande, les avenues de chênes ne sont pas très-rares ; il y en a de
magnifiques dans l'immense propriété de Huist de *Paauw*
(aux Paons), près de La Haye, appartenant à S. A. R. le
prince Frédéric des Pays-Bas. A quoi faut-il attribuer cette
rareté des avenues de chêne ? peut-être à leur lente croissance ; ceci n'est pas une raison valable, car les chênes
forment des avenues d'un pittoresque, d'une beauté et
d'une grandeur incomparables et aucun arbre ne peut
rivaliser avec le roi de nos forêts. Pour obtenir une belle
avenue de chênes et avoir promptement la jouissance de
l'ombrage, le moyen est très-simple et très-pratique ; mais
les gens du métier le désapprouveraient de ce qu'il sor-
tirait du classique, ou leur mauvais vouloir en empêche-
rait la réussite, il faut donc agir soi-même, ou en exer-
çant une rigoureuse surveillance.

Pour un chêne, on en plante trois dans le même fossé,
s'ils reprennent tous les trois, on en ôte deux quelques
années plus tard ; après le complet développement de
celui qui doit rester ; l'un au moins reprendra sûrement.

A la distance d'un mètre 50 centimètres de ce chêne et sur la même ligne, on plante de chaque côté un frêne, *soit en tout deux frênes* qui envelopperont le chêne comme dans une cheminée circulaire assez étroite pour l'obliger à monter chercher l'air et la lumière. La poussée de celui-ci sera extrêmement rapide si l'on a soin de surveiller et de tailler les branches des frênes qui pourraient endommager ou couvrir la flèche du chêne; quinze ou vingt ans après, on arrachera sur toute l'étendue de l'avenue, les frênes qui seront assez gros pour être vendus comme bois d'industrie, et les chênes se développeront librement en étendant de vigoureuses branches qui projetteront bientôt leur ombrage.

Quel bonheur pour celui qui aura planté ainsi une avenue de chênes, de les voir grossir et prospérer ! il pourra se dire en lui-même « voilà pour mes enfants mes petits-enfants, etc., » et ce sera la plus douce satisfaction et la récompense la plus digne et la plus méritée.

Abatage économique des arbres.

Dans nos département de l'est, on est assez arriéré en ce qui concerne l'abatage des arbres qu'on coupe ras de terre ou en sifflet, selon l'adresse des ouvriers bûcherons. Aux environs de Paris, j'ai vu les marchands de bois faire abattre leurs arbres d'une manière fort économique, tant pour eux-mêmes, que pour la forêt; et dès lors, j'ai toujours pratiqué ce mode très-simple que je ne saurais trop recommander. Il consiste à couper dans le sens vertical, les racines de l'arbre qui doit être abattu, en faisant une tranchée circulaire de 40 à 50 centimètres de largeur ; c'est comme on voit une sorte d'équarrissage de la souche qui conserve le même diamètre que le tronc à sa sortie de terre. Le pivot retient l'arbre dans sa chute qui tombe doucement, tandis que par l'entaille sur laquelle se fait le point d'appui, l'arbre vivement projeté se brise. Très-souvent les frênes se fendent par le milieu : on obtient ainsi en longueur moyenne 70 centimètres d'excellent bois de cubage, et de très-gros copeaux d'une valeur suffisante pour payer les journées des ouvriers. Si l'on a quelques centaines d'arbres à exploiter, on peut constater la perte ou le profit, selon que l'on aura mis en exécution l'un ou l'autre système : la souche du chêne met en moyenne 20 ans pour se corrompre, celle des bois blancs de 7 à 8 ans ; il m'est arrivé de faire arracher des souches d'acacias qui pouvaient dater de 50 à 60 ans, sans que pour cela elles me paraissent bien décomposées. En admettant un mètre carré pour chaque souche, sur 100 chênes abattus par l'entaille, on perd pendant 20 ans 100 mètres carrés de terrains, faisant abstraction, bien entendu, de l'excellent humus que donne la souche aux racines des arbres de genre différent ; mais pour cela, il faut attendre longtemps, tandis que par l'extirpation des souches, il reste un trou que l'on comble en partie, les feuilles comblent le reste, les racines des arbres voisins y viennent prendre leur nourriture, et des semis naturels y poussent vigoureusement, par suite de ce petit minage et de la décomposition des feuilles qui s'y amoncellent.

Le propriétaire d'un grand parc, avec lequel j'avais une entreprise d'élagage, fit faire une importante amé-

lioration : la trop grande abondance d'arbres était nuisible et amenait de l'humidité, du manque d'air et de
soleil, un grand nombre d'arbres devaient donc dispa-
paraître sous la direction du régisseur. Celui-ci faisait
entailler par le pied les arbres d'une façon qui aurait fait
bondir de colère le plus *obèse* des marchands de bois,
j'étais moi-même indigné de voir *gâcher* tant de bon
bois, et je parlai un jour du système des marchands des
environs de Paris au propriétaire qui mit ce système en
exécution sous la direction d'un ouvrier. Pendant son
absence, survint le régisseur qui jeta les hauts cris de ce
j'avais osé *insinuer* à Monsieur, une manière qui n'était
pas dans les habitudes du pays, ajoutant que je devais
garder mes idées, etc., etc. Il paraît que le propriétaire
fut obligé de céder à son régisseur, car ce dernier ne
me vit plus d'un bon œil. D'après mon calcul approxi-
matif, le propriétaire fit tant en bois resté en terre, qu'en
bois détérioré par l'entaille, une perte sèche de 1200 ou
1400 francs, *non compris les arbres brisés.* Dans les
pentes abruptes, le long des cours d'eau, ce mode ne doit
pas être appliqué; on doit même, au contraire, couper
les arbres à 10 ou 15 centimètres au-dessus du sol, pour
éviter les éboulements ou l'effouillement des eaux. La
personne chargée de diriger ces travaux, doit toujours
là l'avance, fixer la place où l'arbre doit tomber, et pour
cela doit se placer derrière cet arbre en regardant dans la
direction de la chute, et faire en parallèle deux petites
marques en recommandant aux ouvriers de n'y pas entailler, et en les forçant ainsi de faire une coupe plate,
l'arbre ne pourra tomber ni à droite, ni à gauche. La
coupe faite aux trois quarts, vous mettez au fond de

celle-ci, un bâton bien droit, ou le manche de la hache, et vous vous posez, loin du pied de l'arbre, à 8 ou 10 mètres dans l'axe où il doit tomber ; si le bâton est bien en face de votre poitrine, les deux bouts bien en parallèle avec vos deux épaules, il ne reste plus qu'à donner par derrière quelques coups de hache, puis tirer ensuite la corde que vous aurez toujours au préalable fixée à l'arbre. Je le dis humblement, ce mode m'a toujours très-bien réussi, et l'on était surpris de voir à quelques décimètres près, les arbres tomber dans l'endroit que j'avais fixé.

En 1868, Monseigneur de Langalerie, me donna à soigner les arbres du parc de l'Évêché de Belley, ainsi que ceux du parc du château de Pontdain où vivent quelques vénérables prêtres en retraite. Il y avait à Belley, près de la cathédrale, un gigantesque marronnier qui appartenait au Chapitre, entouré d'un côté de maisons qui formaient un peu le croissant, tout caduc, en décomposition, il menaçait par sa chute, d'écraser quelques maisons, et la périlleuse besogne de l'arracher me fut confiée. J'attachai deux gros câbles sur le même point, aux deux tiers de la hauteur de l'arbre, je fixai ensuite à égale distance du pied de l'arbre, les deux câbles formant la diagonale l'un à un énorme pieu, et l'autre à un cabestan ; mais comme je ne pouvais bien tendre le câble fixé au pieu' je mis le cabestan à une distance de 50 à 60 centimètres après avoir fait faire un demi-tour à celui-ci, j'arrivai à avoir juste les deux mêmes longueurs de câble. Je fais arracher l'arbre, et au moment de sa chute, lorsqu'il est tiré en diagonale et perd son aplomb, l'un ou l'autre des **deux câbles lui fait imprimer l'une ou l'autre des deux**

lignes trajectoires, pour revenir tomber juste sur le trait
du milieu qui est le point désigné pour sa chute. C'est
ainsi que je fis tomber cet énorme marronnier, au grand
étonnement des spectateurs effrayés de me voir le tirer
tout à l'opposé du point où il devait tomber. Il est parfois
des choses qui ne peuvent être écrites, mais comme elles
peuvent se faire en pratique, je conseille à l'élagueur de
n'employer ce système que s'il est parfaitement sûr de
son fait.

Outils et accessoires de l'élagueur en voyage.

Deux serpes, dont l'une aiguisée de long pour les bois
tendres, la seconde aiguisée de court pour les bois très-

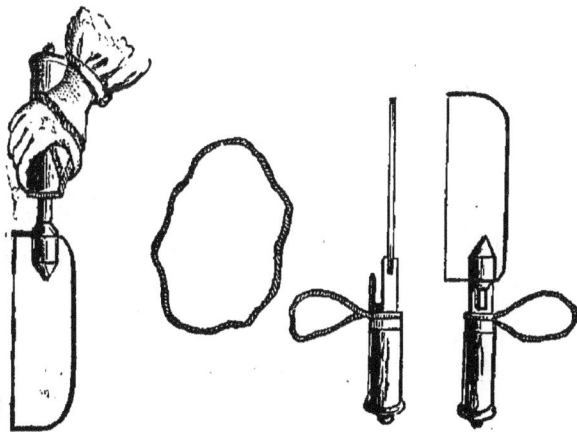

Fig. 8. — Serpe.

durs, l'une étant neuve pesant 2 kilos, longueur (fig. 8)
de la lame, 23 centimètres; largueur, 12 centimètres,
partout la même épaisseur de 8 millimètres, douille ou
partie de fer, 6 centimètres de longueur; manche, 13 centi-

6

mètres, total 41 centimètre de longueur, crochet très-fort.

Émondoirs, largeur (fig. 9) sur le milieu de la lame, 8 centimètres; épaisseur moyenne, 9 centimètres; longueur, 13 centimères; intérieur à l'entrée de la douille, 5 centimètres et demi; longueur totale 28 centimètres, poids 800 grammes. Deux *truelles*, une à gâcher, l'autre petite pour mieux appliquer le ciment dans les joints; un *ciseau à bois*, un *second à froid*, des *limes* très-fines, mi-rondes; une *râpe*, des *pinces plates*, des *tournevis*, *percerettes*, *alènes* droites et courbes, *poix* et *ligneul* de cordonnier, *crayon* rouge à marquer les arbres, *fils* et *aiguilles*, *vis*, quelques *pointes* et au besoin même une *râclette* dont on fait usage pour les pommiers et poiriers à grand vent dans les vergers. Si l'élagueur croit devoir s'occuper de ces arbres, il lui faut un petit appareil que le forgeron reproduira en grand pour les arbres bifurqués ayant quelque velléité de s'écarter. L'élagueur, avec l'approbation entière du propriétaire, fera bien de surveiller le travail, de prendre lui-même la mesure et de poser l'appareil sur l'arbre en compagnie du forgeron. La pratique montrera l'utilité de tous ces petits accessoires, le fil pour coudre la corde sans nœud qui sert à accrocher

Fig. 9 — Émondoir.

la serpe en bandoulière, et réparer au besoin les habillements s'ils sont décousus par un effort de l'élagueur
sur l'arbre, pour fixer la corde *à la serpe* que l'on passe
au poignet, le *ligneul* pour l'envelopper et la *poix* pour
qu'elle ne s'use pas trop vite par le frottement contre les
arbres.

Crampons pesant 3ᵏ,200 pointes en acier très-fin à
courroies avec coussin rem bourré ; *chaussures* spéciales
à semelles épaisses, le dessous du pied plat au lieu d'être
cambré comme pour les chaussures ordinaires. N'en
déplaise à quelques théoriciens qui les excluent d'une
façon absolue et brodent sur ce thème, les crampons sont
indispensables pour monter sur des grands arbres à
l'écorce épaisse, dont les pointes atteignent à peine l'aubier, sur les hêtres, les charmes, les platanes et les alisiers,
la piqûre est tout à fait insignifiante, sur les arbres résineux et les tulipiers, on doit l'éviter d'une façon absolue,
car chaque piqûre forme un écoulement de résine qui
épuiserait le sujet, et quant aux tulipiers, au bout de
quelques années, l'écorce se soulève par larges plaques
autour des coups de crampons. Quelques élagueurs se
piquent d'un amour-propre que je trouve ridicule au
possible et qui ne leur fait pas honneur, en dépouillant
complétement les peupliers d'Italie aussi haut qu'ils
peuvent monter, au risque même de se casser le cou, et
ne leur laissent qu'un petit bouquet de brindilles qui est
bien vite cassé par l'orage, ou meurt par suite des coups
de crampons donnés sur l'écorce tendre et sur une surface restreinte.

En renonçant aux cordes autour des reins, dont se
servent la plupart des élagueurs, on gagnera un temps

considérable, c'est-à-dire celui qu'il faut pour **attacher** et
détacher le câble; quand l'élagueur travaillera à forfait,
il en comprendra toute l'importance. C'est par la souplesse des jarrets que je montais sur les grands arbres;
on s'exercera d'abord sur un acacia dont l'écorce est
épaisse. Le coup de crampon donne du pied gauche, on
appliquera les deux mains contre le tronc en regardant
ses pieds et en se balançant sur la gauche, ce qui délie
le jarret, donne de la souplesse et de la force; on fera
le même exercice sur la jambe droite, et ainsi de suite,
en montant peu à peu et en redescendant doucement
sans raideur, ni hésitation, car l'une et l'autre fatigue-
raient beaucoup. Il ne faut jamais prendre le tronc à
brassée avec les bras; les mains seules ou les doigts
appliqués contre l'écorce ne sont employés qu'à tenir
l'équilibre, afin que le corps ne puisse être renversé en
arrière, c'est ainsi que j'ai commencé moi-même et que
j'ai dirigé les quelques élèves que j'ai formés.

Il y a encore la *perche* de l'émondoir (fig. 9) y compris
celui-ci, douille en tôle étamée toute montée, retenue
par 4 vis, plus 2 à l'émondoir opposées l'une à l'autre pesant 3,600 grammes, et longueur 3^m,50 de sorte que
l'élagueur porte sur les arbres la charge relativement
considérable de 8^k,800. La perche et l'émondoir sont
indispensables. Ils seront faits de 2 pieds de petits frènes
parfaitement droits; le talon de l'un en bois dur et
extrêmement souple sera emmanché dans la douille de
l'émondoir; le talon du second formera la pomme, le
travail fini on démonte toute la perche et il ne reste que
les deux bâtons que l'on lie ensemble aux deux bouts
avec du fil de fer; on met les outils et accessoires dans

une caisse que l'on porte en bandoulière à une épaule
et dont voici la dimension tout compris. Longueur
56 centimètres, hauteur 26 centimètres, largeur 20 centimètres, il n'est pas possible d'éviter la fatigue du
poignet et la crispation des doigts, par suite du grand
poids de la serpe sans une corde solidement fixée à la
douille. Une ou deux semaines suffisent pour manœuvrer
habilement l'émondoir avec lequel on fait le coup lancé
contre la branche que l'on veut couper, absolument
comme les soldats font l'escrime à la baïonnette, grâce
aussi à son grand poids on coupe en quelques coups
très-facilement et nettement des branches plus grosses
que le bras. Accroché à une branche on peut faire
au besoin de la gymnastique, monter, descendre ou se
lancer d'une branche à l'autre pour aller sur les
branches horizontales; accroché plus haut ou de côté
l'émondoir sert à se maintenir en équilibre, si une
branche paraît dangereuse par l'atteinte de quelque
chancre, on coupe avec l'émondoir, quelques ramifications dont le volume égale le poids de l'élagueur de sorte
qu'il est possible à celui-ci d'y monter ensuite sans danger.
Les personnes qui m'ont occupé savent avec quelle facilité
surprenante je montais sur les arbres et quelle quantité
de travail je pouvais faire grâce au perfectionnement de
mes outils.

Il ne reste plus à décrire que deux accessoires assez
mal commodes à emporter si l'on fait de longs voyages :
une caisse à ciment du prix de 1 à 1f,50, longueur 40 centimètres, hauteur 17 centimètres, largeur 22 centimètres.
On y fixe avec de petites pointes ou des vis une corde,
puis on passe dans le centre une grosse crosse recourbée

dont la pointe soit assez aiguë pour l'accrocher à une
aspérité quelconque des arbres. Lorsqu'on veut enlever
le bois pourri et les aspérités qui gênent l'application du
ciment dans les caries, il faut pour frapper sur le manche
du ciseau à bois un petit maillet en bois dur de charme,
frêne, hêtre ou de platane; on commence par faire le
manche en taillant avec la serpe la partie la plus
noueuse qui formera la tête du maillet et une heure et
demie de travail tout au plus suffira pour fabriquer un
maillet très-dur et qui ne pourra se démancher, puisqu'il
est tout d'une pièce, à moins de pouvoir aiguiser chez les
menuisiers ou chez les charpentiers, on ne trouve presque jamais dans les maisons particulières des meules en
bon état. Toutes sont creuses comme une poulie ou bien
elles ont des sauts qui émoussent le taillant des serpes; si
l'on veut les aiguiser finement, il faut tourner la meule,
prendre un instrument quelconque très-aigu avec lequel
on fera deux rainures en le tenant fixe; une fois que les
rainures seront assez profondes on fera sauter le reste
avec le ciseau à froid, puis on polira avec une vieille
bêche ou une pelle.

Très-souvent aussi il y a pénurie d'échelles, ou bien
elles sont brisées, manquent d'échelons, dans ce cas s'il y
a un échelon à l'extrémité, on l'enlève et à 50 centimètres
plus bas on fixe deux ou trois fils de fer que l'on tresse
et garnit de chiffons pour ne pas blesser les arbres, de
sorte que l'échelle ne puisse ni tourner, ni s'écarter
si l'un des montants est brisé, pour la modique somme
de 40 à 50 centimes. On achète une tôle de 0^m,35 de
longueur et dont la circonférence sera en rapport avec
la grosseur du montant : on applique la tôle en la faisant

revenir au ras des échelons, puis on la cloue avec de
petites pointes de 0^m,2 environ. L'échelle, après cette
réparation, a la même force que si le montant n'avait pas
été brisé, j'ai vu, il y a une dizaine d'années une échelle
ainsi raccommodée et je n'ai pas manqué d'en prendre
bonne note pour m'en servir au besoin. Pour achever de
mettre l'échelle en bon état, on appointera par en bas
les deux montants en forme carrée avant de les planter
dans la terre ; c'est pour n'avoir pas fait ce que je prescris
que je faillis être assommé en faisant des élagages dans
une pente abrupte ; un des montants vint à tourner par
en bas pendant que j'étais à l'extrémité de l'échelle ; forcé
de dégringoler je tombai sur mes jambes, et sitôt en
bas je reçus sur la tête l'échelle qui me fit une bosse
énorme.

On ne doit jamais se servir sur les arbres d'un émondoir à crochet tranchant qui est, à mon avis un outil
extrêmement dangereux et que sa légèreté ne rend nullement pratique ; c'est à peine s'il peut couper quelques
brindilles il est bon tout au plus à amuser des écoliers.
Un riche propriétaire charmait ses loisirs en faisant
élaguer le bois mort sur les pins sylvestres, par ses gens
de campagne ; l'émondoir d'un de ses ouvriers vint à se
décrocher et tombant ras de sa tête, coupa le bord de
son chapeau, lui fit une estafilade le long de sa jambe
gauche, entama légèrement la chair et coupa net l'extrémité de sa chaussure ; le pauvre homme tremblait comme
une feuille de tremble, heureusement pour lui, la peur
fut plus grande que le mal. Si des théoriciens créent
des outils impraticables, ils devraient au moins éviter de
les rendre dangereux et ne pas exposer les ouvriers à

s'estropier pour le reste de leur vie; la prévoyance et l'humanité l'exigent.

Chute et direction des branches par la coupe plate.

Lorsqu'un sapin destiné à être abattu est entouré d'autres arbres, pour éviter que ceux-ci ne soient écrasés, on coupe sur le côté le plus propice et en montant toutes les branches de manière à faire une trouée par laquelle on fera tomer la flèche. Par la coupe plate celle-ci ne peut tomber ni à droite, ni à gauche; en coupant profondément du côté de la chute, on dépasse ainsi le centre de la ligne verticale, la flèche toujours bien d'aplomb et régulièrement fournie de branches sera naturellement forcée de tomber sur le point désigné, voilà pour les mathématiques, reste l'imprévu, un instant d'oubli, un léger coup de vent, suffisent pour que la flèche tombant du côté de l'élagueur l'entraine, le tue dans sa chute. Pour éviter ce danger, après avoir fixé le point de la coupe, on enlève quelques branches plus haut du côté opposé à la chute, afin d'enlever l'équilibre à la flèche. Les branches qui restent du côté de la chute, formeront le contre-poids, qui entraînera la flèche juste du côté désigné pour la chute; en descendant on coupe les autres branches qui en se posant les unes sur les autres faciliteront la tâche de l'élagueur.

En disant ici que le métier d'élagueur est le plus dangereux que l'homme puisse embrasser, je ne ferai que répéter ce qu'ont écrit bien des gens habiles; mieux que personne cependant, j'en ai expérimenté toutes les conséquences fâcheuses. Il y a 15 ans, je fis une première chute d'un arbre de 4 mètres de haut seulement, mais tombant sur le dos, je fus fortement ébranlé et contusionné à l'épaule gauche et pendant 10 ans, je souffris beaucoup, même lorsque j'étais inactif. Ma seconde chute eut lieu en Hollande il y a 4 ans, je tombai d'une hauteur de 12 mètres sur le sol gelé, un eccymoses côté gauche me retint trois semaines sans travailler. Lorsque certains priseurs pour *naser* plus voluptueusement lèvent le pouce de la main gauche, deux tendons se dessinent formant un creux oblong dans lequel ils versent une partie du contenu de leur tabatière, n'en usant pas je ne subis nulle privation de ce genre, bien qu'un coup de serpe m'ait privé de l'organe le plus rapproché du pouls. Voilà avec 4 ou 5 autres entailles de part et d'autre le bilan des accidents qui me sont survenus pendant mes travaux d'élagage ; rien cependant ne m'a découragé, on ne peut l'être quand on est né élagueur, et si j'ai raconté ces choses toutes personnelles, c'est qu'il y a peut-être utilité à prévenir les débutants sans les éloigner néanmoins du métier. Si dans mes débuts, j'avais eu ces indications pratiques j'aurais assurément évité bien des accidents et des bévues. Je reprends mes instructions en décrivant le moyen de diriger les branches.

Attachez des cordes pour diriger les branches demande du temps, de la dépense et offre même quelquefois du danger, aussi ne doit-on s'y résigner qu'à la dernière extrémité. Voici en haut de l'arbre une grosse branche à couper qu'on ne veut pas laisser tomber en avant, elle est à gauche chargée de ramifications et sa chute doit avoir lieu à droite comme celle du sapin, on coupe quelques ramifications à gauche et la coupe se fait toute plate et oblique, de manière à faire obliquer la branche avant la rupture ; pour cela l'entaille doit être haute de manière à ce que les deux entailles rapprochées empêchent que la rupture ne se fasse avant la complète direction de la branche.

Un autre cas est celui de la flèche d'un jeune arbre qui ne peut se développer en sorte que la branche qui le couvre doit être coupée avec l'émondoir ; on coupe quelques sections en partie avec la serpe et bout par bout en les dirigeant avec la main ou avec le pied au moment de la chute, le plus long et le plus gros tronçon est encore attenant à l'arbre. Pour le faire sauter à une certaine distance par-dessus ou sur le côté du jeune arbre sans le toucher, on fait l'entaille très-courte ce qui demandera relativement plus de temps et au moment où les deux entailles se rapprochent et où la rupture se fait, la main droite passée sous le tronçon malgré la longueur et le poids assez élevé, on parvient à le faire sauter à quelques mètres de distance. On peut expliquer ceci en prenant un gourdin dans la main gauche et en le tenant horizontalement ; puis la main droite le pousse en même temps que la gauche le lâche, et instantanément il est lancé dans l'air.

S'il s'agit d'une très-grosse branche ou de toute la cime d'un arbre que l'on veut diriger d'un côté sans rien endommager, on attache la corde aussi haut que possible si l'on est deux à l'ouvrage on fabrique un petit tour que j'estime pour cet usage autant qu'un cabestan ; on coupe 1 mètre de bois dur et très-noueux de la grosseur d'une

bouteille seulement, plus il est petit, plus **on a de force** ;
on ajoute une mortaise à chaque bout du tour un gros
clou pour retenir la corde et deux fortes billes voilà toute
l'affaire. Cet appareil se fixe dans le haut contre deux gros
pieux que l'on affûte en forme carrée et recourbée,
afin que le tour ne puisse échapper pendant la taille,
l'ouvrier qui est en bas tourne avec les billes et un
homme a de cette manière une force prodigieuse suffisante pour diriger ces plus gros arbres.

Dans d'autres cas, afin que la branche amputée ne
déchire pas l'entaille, on la coupe en deux fois à 1 mètre
environ du tronc, quelques coups de serpe donnés par-
dessus la font sauter ou déchirer peu importe, il ne reste
plus que le tronçon court que l'on dirigera et qui n'aura
pas un poids suffisant pour déchirer l'entaille. Quand une
branche est atteinte par le chancre et qu'elle est rongée
au quart, on la réduit d'un quart de ses ramifications et
de la moitié, si le chancre l'a rongée à moitié. Tout cela
est facile à faire et rétablit l'équilibre en sorte que les
orages ne la détruisent pas.

Voici en prenant le chêne comme moyenne un tableau
indicateur des arbres qui donnent plus ou moins de bois
mort et de travail en prenant le chêne pour point de
comparaison :

EN PLUS.		ÉGALE.	EN MOINS.	
Catalpas	30 °/₀	Chênes	Sorbiers des oiseaux . .	10 °/₀
Tilleuls à petites feuilles.	40	Frênes	Erables champêtres. . .	20
Polownilas	20	Sycomores.	Bouleaux.	30
Aylante.	25	Cerisiers sauvages. . . .	Tilleuls à grandes feuilles	25
Sophoras.	40	Alisiers.	— à feuilles argen-	
Châtaigniers	20	Arbres de Judée.	tées.	15
Noyers	40	Saules pleureurs.	Wirgilias.	30
Gleditzia	50	Marronniers	Peupliers d'Italie	20
Peupliers de la Caroline.	40	— à fleurs roses	Aulnes	50
Peupliers Suisses	20	Liquidambards copal . .	Aulnes à feuilles laci-	
Ormeaux à petites feuilles	25	Chênes rouges	niées	
Acacias communs	40	Chênes pyramidaux. . .	Aulnes en cœur	
Acacias visqueux	50 °/₀	Plânes	— blancs	
		Planères crenelés	Plaqueminiers	60
		Frênes pleureurs.	Bonducs	10
		Noyers noirs d'Amérique.	Ormeaux à grandes	
			feuilles.	15
			Blancs d'Hollande	25
			Platanes	70
			Hêtres	40
			Charmes	40
			Micocouliers	15 °/₀

Revue générale des plantations et des élagages.

Depuis qu'on plante des arbres en alignement ou isolés on a toujours et avec raison, cherché tous les moyens possibles pour les garantir des bestiaux, du vent, et même des déprédations des hommes. On a employé d'abord le tuteur ou des entourages de toutes sortes, c'est ainsi qu'on peut remarquer sur les promenades publiques de Paris et de quelques villes de province, des arbres entourés d'un grillage cylindrique en fer haut de 2^m,50 environ, très-large à la base, *comme ressemblant à la largeur de la souche*, trop étroit dans le haut, dont les bords blessent l'arbre lorsque le vent lui imprime le moindre mouvement. Cet appareil fort élégant et peut-être assez cher, me paraît quelque peu luxueux.

En Italie sur le cours *Corso* les quelques arbres entourés se composent d'un cylindre en grillage de bois retenu par 4 cercles dont 2 dans l'intérieur contre lesquels sont fixés les montants et 2 à l'extérieur juxtaposés et vissés sur le bois, ce cylindre assez large m'a paru pratique quoique compliqué et de peu de durée il est de l même hauteur que le précédent.

En Suisse, dans quelques villes, on peut remarque autour des arbres quelques caisses de la hauteur environ des appareils précédents; elles forment un triangle dans lequel le tronc de l'arbre est comme emprisonné, étouffé et bientôt atteint du *décroit*, c'est-à-dire qu'il ne grossit pas dans la même proportion que le branchage ; ce système est tout à fait impropre et doit être repoussé.

En Angleterre où je me rendis sur la bienveillante et

toute puissante recommandation de M. Alphonse de Can-
dolle, l'entourage des arbres se compose de trois gros
pieux en forme de triangles ; des planchettes sont clouées
sur les trois faces à distance les unes des autres pour
laisser pénétrer l'air, sur le haut des trois pieux, trois
lanières de cuir sont fixées par des clous et retiennent
l'arbre afin qu'il ne se blesse pas contre l'appareil mais
avec assez d'espace pour lui laisser la liberté de se plier
sous le vent ; cette manière fort simple d'entourer les
arbres est la plus pratique que j'ai vue. Elle est employée
par M. le docteur Hook, directeur du jardin royal de Kew,
près de Londres.

J'estime que les mouvements que le vent imprime aux
arbres, est aussi utile à leur développement que l'éxer-
cice corporel l'est à nous-mêmes ; quand on les voit se
balancer gracieusement, on croirait qu'ils ressentent du
bien-être. Je crois les végétaux sensibles au bien comme
au mal, l'exercice par le vent les rend souples, délie les
fibres, dilate les pores, facilite la circulation de la sève ;
tout me porte à cette conclusion, car dans les lieux
abrités du vent, le bois est moins souple, cassant et sujet
à la piqûre des insectes, *que l'on remarque qu'il n'est
pas question des bas-fonds humides.* A des altitudes très-
élevées si le sol est sec, le bois sera toujours de qualité
supérieure, pourvu que le vent y puisse exercer les
arbres.

Comme les animaux, les végétaux doivent avoir leur
instinct, et pour s'en convaincre, il suffirait de creuser
un fossé assez large, de le remplir de terreau abondamment humecté, et d'en faire même un cloaque d'humus.
Si ce fossé est creusé à une distance où les racines d'un

arbre n'arrivent jamais, et qu'on mette à dessein entre eux
deux un obstacle, au bout de quelques années, l'arbre
deviendra plus vigoureux, et en fouillant autour de
l'obstacle, on verra que les racines l'auront contourné
pour atteindre le but désiré, c'est-à-dire le fossé rempli
d'humus. Par contre, si l'on fouille du côté opposé au
fossé, on ne trouvera pas les racines étendues dans la
même proportion, et cela pour la raison bien simple,
que l'arbre sachant qu'il n'y avait rien à espérer de ce
côté, n'a pas usé vainement ses forces.

Chacun a entendu, lorsqu'il fait du vent, un grincement entre l'arbre et son tuteur; il y a toujours là un
frottement réitéré qui blesse l'arbre et forme un chancre
ou un écoulement bien connu, qui persiste pendant toute
la durée de l'arbre ou en cause la non reprise; afin
d'éviter les blessures, on place entre l'arbre et le tuteur
un torchon de paille, une savate ou des chiffons; malheureusement tout cela est vite usé ou détaché, il faut
y revenir très-souvent, et quelquefois on serre l'arbre et
le tuteur à tel point, que le tronc privé de mouvement
ne grossit pas dans la même proportion que son branchage; la ligature du haut forme le point de rupture et
après un orage, on trouve nombre d'arbres brisés.

Après avoir cherché et étudié pendant de longs mois,
il en est presque toujours ainsi des choses les plus simples,
mes peines n'ont pas été vaines. Je viens de résoudre le difficile problème de séparer (fig. 10) le
tuteur de l'arbre; il s'agissait surtout d'un appareil simple,
pratique, d'un prix minime, durable et pouvant être
appliqué aux arbres d'alignements ou isolés, exempte de
tout entourage. On affûte le tuteur en mettant la douille

au bout, et on fixe fortement dans le sol à une distance
de 0,5 de l'arbre dans la direction d'où le vent souffle le
plus fort ; on pousse ensuite
l'arbre pour introduire la
barre dans l'anneau qui
tes en oval; ainsi que le
bouton d'arrêt ; la plaque
mise contre l'arbre, elle ne
peut sortir de l'anneau ;
on l'entoure d'un chiffon,
de préférence au cuir mou
ou de basane retenu par
des liens d'osier, ou mieux
encore de fil de fer que l'on
passe aux deux oreillons
recourbés sans serrer l'arbre. Chaque année au printemps avant la sève, on
desserre le fil de fer, de
telle sorte que la libre circulation de la sève ait lieu
*ainsi que la couche d'au-
bier.*

On fait de même pour
l'appareil oblique (fig. 11)
destiné à redresser les arbres penchés, on a com-
pris que le frottement est
porté dans l'anneau-cou-
lisse, de telle sorte, que

Fig. 10. — Tuteur vertical.

les arbres seront à l'avenir exempts] de toute blessure ;

qu'ils aient 10 ou 30 centimètres de diamètre, seront tout aussi bien consolidés.

Fig. 11. — Tuteur oblique.

L'appareil étant en fonte fine, malléable et pour ainsi
dire inusable, on prend pour faire les tuteurs incorruptibles: cœur de chêne, châtaignier, noyer, mélèze et
acacia. Au bout de 6 ou 7 ans, les arbres étant bien
enracinés n'ont plus besoin des tuteurs qui peuvent servir
à d'autres arbres.

Dans les promenades publiques, plus que partout
ailleurs, on voit les maîtresses racines traçantes, en partie
ou complètement déchaussées au pied du tronc de l'arbre
seulement, il est facile de s'en convaincre en prenant le
milieu d'une grosse racine *qui a été sa naissance et le
point de sa croissance en circonférence.* Il faut en conclure que le terrain a été diminué par les radicelles qui
ont absorbé l'humus et les sels qui convenaient à la
nutrition; cet exemple se voit tous les jours, les jardiniers sont souvent obligés de remettre de la terre de
bruyère ou autre, dans les grands vases des orangers,
des lauriers roses, etc., par suite de la diminution de la
terre que les plantes ont absorbées pour leur nourriture.

En plein champ, quoiqu'on ne puisse laisser les feuilles
des arbres, les choses se passent peut-être tout autrement et par le contact de l'air et du soleil, la couche de
terre végétale se maintient à son niveau normal, mais
j'avoue que je n'y crois guère. Après avoir fait le calcul
de la dimension de l'épaisseur de la terre sur une promenade publique dont les arbres sont en ruine, on ferait
fort bien, dans l'intérêt des arbres, de remplacer l'équi-
valent de terre en se basant sur ce calcul assez original,
remplacer par la même quantité de mètres cubes de
terre la quantité de mètres cubes de bois qu'on aurait
enlever. En piochant légèrement celle de dessus, pour

faire la liaison avec la nouvelle terre rapportée, on obtiendrait un résultat et un équilibre relativement satisfaisants sur toute l'étendue de la promenade, et le travail occasionnerait moins de frais que celui qui se pratique presque toujours, c'est-à-dire remplacer la vieille terre par de la nouvelle dans les creux destinés aux plantations. Par ce dernier moyen, on n'obtient qu'un piètre résultat, puisque les radicelles qui veulent s'étendre en dehors du fossé ne rencontrent aucune substance alimentaire, tandis que si l'on essaie mon système, on réussira presque certainement. Je ne voudrais cependant pas garantir un plein résultat, car je n'ai jamais eu l'occasion de mettre moi-même cette théorie en pratique, à la place d'un arbre mort, il ne faut jamais mettre un arbre du même genre ; si c'est un ormeau, on le remplacera par un tilleul, et l'on verra les racines de ce dernier prendre le même chemin que les racines de son prédécesseur, et se nourrir de ses décompositions. Mais qu'on n'oublie pas que le tilleul ne vit pas du tilleul, et que l'ormeau ne vit pas de l'ormeau, en sorte qu'en replantant la même espèce d'arbre, on n'obtiendrait aucun résultat, ce que du reste, la nature indique partout ; le châtaignier seul fait exception à la règle, et l'on voit mourir un vieux châtaignier tandis qu'un jeune repousse au pied du premier et se nourrit de ses décompositions.

Celui qui écrit un traité sur la sylviculture ne manque jamais de donner une recette, *infaillible* pour le reboisement ; le propriétaire après avoir tout lu, se gratte l'oreille, devine s'il peut et choisit s'il l'ose. Par les semis, malgré l'avoine traditionnelle, on va presque toujours au devant d'un échec si l'on n'a pas d'autres couverts ; quelques semis cependant résistent, protégés sous de hautes herbes, mais ce sont de rares exceptions ; en général, les semis demeurent de nombreuses années stationnaires et poussent tout en racines, jusqu'à ce qu'enfin la nature sème des sous-bois qui sont les amis, les compagnons indispensables du chêne, du hêtre, du châtaignier, etc. Ceci est tellement exact, que dans les grandes clairières des forêts, dans les champs abandonnés, les arbres sortent toujours de dessous leurs protecteurs, viornes, boules de neige, nerpruns, fusains, bonnets de prêtres, troënes, etc. Je ne veux pas manquer de donner aussi ma petite recette, fondée sur des reboisements que j'ai faits de mes mains, et d'abord, je suis fort prévenu contre les essences étrangères qui figurent mal dans nos magnifiques forêts, le combat que leur livrent pour reprendre leurs droits nos essences forestières, annule presque leur croissance, et après leur disparition, la forêt se ressentira longtemps des forces dépensées à combattre et de toutes les perturbations qui amènent des essences étrangères.

En voici entre autres un exemple. Après une coupe blanche, à une altitude de 300 mètres environ, de la vallée où se plaisent ensemble ou très-rapprochés, les chênes, les châtaigniers, les frênes, les sapins argentés et les hêtres, on avait planté des acacias qui par leur vigoureuse croissance avaient bien vite dépassé en hauteur les autres arbres ; ils tenaient donc le haut du ciel, mais non toute la terre, car ils avaient à compter avec les racines et les semis des arbres qui végétaient en dessous. Les sapins argentés élevés, montaient sensiblement et régulièrement en étalant leurs puissantes ramifications. Je voyais bien par ci, par là, que le frottement avec les acacias, leur causait des blessures avec écoulements de résine, mais nombre d'acacias aussi restaient étouffés sous le couvert des sapins; les frênes luttaient avec avantage, les chênes et les hêtres attendaient que les sapins, leurs tout-puissants compagnons les eussent délivrés du couvert des acacias; seuls, les châtaigniers paraissaient tristes et souffrants. Le garde auquel je m'adressai, me répondit, « je vous prie de croire Monsieur, que je n'aurais jamais conseillé de planter ici des acacias, bien que les sapins aient été *roulés*, ils seront bientôt les maîtres, et je ne serai pas fâché de voir crever tous ces affreux acacias, où l'on se pique et s'abime complètement quand on passe au travers; » la plantation avait 7 ans; encore 7 ou 8 ans et j'estime qu'il ne restera plus un seul acacia bien portant, en sorte que ce sera une plantation complètement manquée. Tous les forestiers s'accordent pour planter 10,000 sujets à l'hectare, ce qui est très-rationnel pour les terrains ordinaires, mais ne suffit pas dans les pentes abruptes, ayant 50 % de pente où il en faut bien le double pour retenir les terres, soit 20,000 à l'hectare parce que la reprise y est bien plus difficile. Avant de faire une plantation, il faut mûrement réfléchir et étudier le terrain, l'homme a des yeux pour voir, l'intelligence pour discerner et des bras pour travailler; à chaque pas, la nature indique quels sont les arbres qu'il faut planter; si elle demande des châtaigniers, on plante des châtaigniers et non des bouleaux qu'elle refuserait de nourrir. La meilleure méthode pour bien réussir est de reboiser, moitié par plants et moitié par semis. Pour une grande quantité de terrain,

on passe une année à l'avance avec une maison horticole,
un acte pour la livraison des plants en *pourrete*; le
chêne comme je l'ai remarqué, reforme parfaitement
son pivot.

Il n'est pas difficile de se procurer des sous-bois pour le
couvert; il y a d'abord toutes les ronces qui sont d'une
grande utilité, puis les fusains bonnet de prêtre viornes va-
riées, nerpruns variés, troênes, noisetiers et chèvrefeuilles,
plantes dont les racines traçantes empêchent le sol de se
plomber. Après avoir placer une de ces plantes, on met
au pied les semis légèrement recouverts de terre et dont
les feuilles mélangées avec celles des plantes sont utiles
pour composer une couche d'humus. Tous les arbustes
à feuilles persistantes sont funestes aux plantations : ils
absorbent une grande partie des propriétés fertilisantes
et ne fournissent pas des détritus équivalents ; les genêts
qui font la joie des chasseurs parce que le gibier y trouve
un refuge sûr pour se multiplier, est au contraire l'ennemi des forestiers; dans les clairières où les genêts
étendent leurs longues racines pivotantes, aucun semis
ne peut se développer, il est comme une plaie pour les
forêts ; c'est particulièrement en Auvergne qu'on voit de
vastes champs uniquement couverts de genêts.

Dans les bonnes terres moyennes, les essences pré-
cieuses suivantes composent un beau bois de choix
50 chênes, 15 châtaigniers, 10 charmes, 10 hêtres, 5 bouleaux, 5 frênes et 5 sapins épicéas et argentés, total
100 plants. On croit généralement que les acacias retiennent bien les terres, c'est une erreur; les racines de
l'acacia sont essentiellement traçantes et elles se mélangent
rarement aux racines des autres arbres, elles fuient par-

dessus, s'allongent démesurément dans les plantations anciennes, les acacias, quoique mélangés et garantis du vent et malgré leur feuillage grêle, léger et leur tête peu volumineuse sont souvent tous inclinés en partie, déracinés ou appuyés sur les autres arbres ; mais ils n'absorbent presque pas d'eau, ils sont impropres à garantir les terres des éboulements surtout lorsqu'il y a des fuites d'eau dans le sous-sol. C'est ainsi que j'ai vu l'année dernière en Italie, le long du chemin de fer de Côme à Locarno, un terrain raviné et éboulé dans lequel les acacias périclitaient plutôt que de s'enraciner, tandis que de toutes parts, la nature indiquait pour cette place des frênes, des châtaigniers, etc. Si l'on a si fort la manie des acacias on devrait au moins mélanger moitié acacias et moitié frênes, châtaigniers, hêtres, etc., de cette manière, la réussite serait toujours certaine.

Le moyen le plus certain pour s'assurer quels sont les arbres qui absorbent la plus grande quantité d'eau serait d'avoir, par exemple, 8 ou 10 vases de la même grandeur d'une contenance d'un mètre cube environ, et munis d'un robinet.

On mettrait dans chacun de ces vases la même terre et dans la même proportion on planterait dans l'un une cépée d'acacias, dans l'autre une cépée de frêne, ainsi de suite autant que l'on aurait de vases en choisissant des cépées de différentes espèces, ayant la même vigueur et la même grosseur et les plaçant dans la même exposition. Pendant tout le temps de leur végétation, on leur verserait de l'eau à un moment donné, on ouvrirait le robinet et le superflu d'eau que la cépée ne pourrait absorber, serait recueilli et mesuré ce qui donne certai-

ment un résultat satisfaisant et d'une grande utilité pour
la science. Cette expérience qui me parait quelque peu
complexe et cependant facile à résoudre, exigerait plusieurs années de pratique, les acacias ne commencent à
végéter qu'à la mi-mai et jusqu'au 15 septembre, pendant
les grandes chaleurs il y aurait évaporation d'une quantité d'eau plus considérable qu'en mai : ce mois est
l'époque de végétation des marronniers qui ne font
qu'une poussée ; les chênes, dans les bons sols, commencent à végéter dès les premiers jours de mai jusqu'au
15 juin, puis ils s'arrêtent pour recommencer une nouvelle
poussée le 20 juillet ou les premiers jours d'août selon
que la saison est plus ou moins humide et chaude. Il
faudrait donc, en tenant compte de l'évaporation de
l'eau par la chaleur, faire l'expérience sur les cépées
pendant 15 jours seulement quand elles sont en pleine
végétation.

Il est bon de rappeler ici les effets funestes de la poussière des feuilles de platanes sur les personnes. J'écrivais
ces lignes il y a quelques semaines, dans une auberge de
campagne à l'ombre d'un platane vigoureux, élagué
très-bas en parasol, la brise du matin qui vint souffler
vers les 9 ou 10 heures me causa un malaise tel que par
suite de la poussière invisible qui se détachait des feuilles,
je fus obligé de quitter la place. Je laisse aux hommes
de l'art le soin de vérifier et de constater les conséquences
de ce malaise dont se plaignent tous les ouvriers qui
taillent des platanes au moment de la feuille ; on éternue,
on est comme gonflé, on se sent la gorge prise au point
de ne pas pouvoir respirer. Le docteur Raspail, dans un
de ses manuels, parle de cette poussière qu'il nomme

elminenthe, et lui attribue même des cas d'hydropisie. Il y a une trentaine d'années qu'il se trouvait à Tours, dans le jardin de la recette générale, un vernis du Japon à proximité du cabinet du receveur général, on fut obligé de le faire abattre, tant son odeur infecte incommodait au moment de la floraison.

Jusqu'à ce jour, bien des écrivains ont versé des flots d'encre pour et contre les élagages dans les forêts de rapport, mais aucun n'est monté sur les arbres pour élaguer et étudier la question mûrement et par lui-même ; tout a été écrit sur des données approximatives. Certains arbres ne gardent pas leurs branches mortes, entre autres les frênes, les platanes et les tilleuls à grandes feuilles, toutes les branches, sauf celles qui forment une bifurcation ont une couronne, empâtement ou talon, que chacun nomme à sa guise cette excroissance appartenant au tronc qui enroule la naissance de la branche pour la fortifier, et empêcher que la rupture n'atteigne le tronc. Si elle vient à être brisée par l'orage, entre cette couronne et la branche morte le resserrement entretient une humidité régulière ; quelques petites larves rongent la branche et celle-ci affaiblie par les insectes et par l'effort de la couronne qui tend à l'éloigner se détache et tombe ; les insectes sont avalés par les oiseaux ou meurent au contact de l'air et la cicatrisation se fait si bien qu'il ne reste pas même une solution de continuité ; voilà l'élagage incomparable de la nature que le plus habile élagueur ne saurait imiter.

Des arbres d'un autre genre tels que les peupliers grisards ou les saules blancs, les branches se détachent d'une manière différente et quelques semaines après la

mort celle-ci tombe au moindre choc lorsqu'on fait les élagages, si elle n'est pas retranchée elle se dépouille de son
écorce, devient grise, dure et souple au contact de l'air
et la serpe la mieux aiguisée la coupe difficilement.
L'homme le plus fort ne pourrait briser la même branche
qu'il aurait auparavant fait sauter d'une chiquenaude, ces
branches mortes font corps avec la couronne, sans qu'il
se forme jamais de caries ; des insectes les perforent en
tout sens et quelquefois aux extrémités de gros bourdons
noirs creusent des galeries qu'ils divisent ensuite par
compartiments pour déposer les petits bourdons. Ainsi
rongée par les insectes, la branche tombe en détritus
jusqu'à la couronne, à l'extrémité de laquelle se fait la
cicatrisation tellement réduite qu'il ne reste aucune solution de continuité. Pour que ces dépouillements et ces
cicatrisations s'opèrent, il faut de 10 à 20 ans par branche, et de 3 à 6 ans pour celles qui se détachent en entier
ras de la couronne. Parmi ces dernières, il se trouve
celles du chêne qui n'ont que de l'aubier ou bois blanc,
celles qui sont un peu grosses, dont le centre est incorruptible et qui dépouillées de l'écorce et de l'aubier, restent
pendant toute la vie de l'arbre comme un chicot de 2 à
3 mètres de longueur, et conservant quelques ramifications.

Les branches mortes des bouleaux où le bois est blanc
se décomposent très-vite jusqu'à la naissance où s'opère
la cicatrisation, cette place devient si dure que la serpe
la mieux trempée s'y ébrèche: mon expérience m'a toujours prouvé que les branches qui meurent naturellement
ne servent jamais de conducteurs à l'eau de pluie dans
le tronc et n'ont par suite jamais amené la carie ; les gens
qui écrivent que les branches mortes forment des caries

aux arbres, ne reposent sur aucun fondement; on a dit aussi que les nœuds de sapins et de pins font le désespoir des menuisiers, et que les branches restant comme autant de chevilles avec l'*écorce* dans le tronc de l'arbre en déprécient la valeur. Ce désespoir et cette non-valeur n'ont jamais existé que dans l'imagination des partisans de l'élagage; il suffirait pour s'en convaincre de consulter les ouvriers ou les patrons qui travaillent le bois.

S'il arrive qu'une grosse branche soit brisée par l'orage ou par le givre, il est assez rare dans nos forêts que la rupture soit ras du tronc, mais dans ce dernier cas, la carie est certaine quel que soit le genre des arbres, les pores ouvertes, les fibres tendues ou brisées d'une façon très-irrégulière formant une éponge qui arrête l'eau de pluie et introduit la carie dans le centre de l'arbre; le meilleur moyen d'éviter une perte serait d'abattre l'arbre auquel il est survenu un pareil accident, car quoique l'on fasse, qu'on taille ou qu'on mastique, la carie est inévitable et il restera toujours une marque de dépréciation qui n'échappera jamais à l'œil exercé des marchands de bois. Si la rupture s'est faite à 80 centimètres au plus du tronc, on n'aura rien à craindre de la carie, le chicot se durcira et la cicatrisation s'opérera comme pour les branches mortes naturelles: cette remarque a été faite par la plupart des forestiers, et c'est de là qu'est venue la mise en pratique de la taille à chicot ou comme on dit à rabat. Tous les forestiers n'ont pas les mêmes idées sur la manière d'exécuter les élagages; les uns prennent pour règle 50 centimètres comme longueur de chicot, d'autres 80 centimètres ou 1 mètre; on en voit même qui ne laissent que 30 centimètres au chicot qui se

décompose assez rapidement pour que la carie en résulte
quelquefois. Si la branche est très-grosse, si c'est un
arbre sur le retour de l'âge, s'il y a fagot et fagot, il y
a aussi branche et branche; je vais donc établir une
règle pour imiter autant que possible la nature, en se
conformant à la grosseur de chaque branche.

Branches ayant 10 centimètres de circonférence, longueur du chicot 25 centimètres; branches de 20 centimètres de circonférence, longueur du chicot 80 centimètres; branches de 30 centimètres de circonférence, longueur
du chicot 1 mètre 50 centimètres. Il faudra éviter le plus
possible de couper les branches de cette dernière circonférence, et si par exception, on était obligé d'en couper
de plus grosses encore, la longueur du chicot devrait être
en proportion de la grosseur; l'élagage le plus habilement pratiqué sera toujours une cause de désorganisation
pour les arbres, il faut donc en être très-sobre, n'élaguer
qu'avec une parfaite connaissance de cause et seulement
dans le cas d'une nécessité absolue. La taille à chicot en
elle-même est fort laide à l'œil, mais le propriétaire peut
être assuré qu'elle ne fera rien perdre à ses arbres de
leur valeur, car jamais la carie ne les attaquera si l'on
élague exactement comme je viens de l'indiquer et le
résultat sera le même que pour les branches qui meurent
d'une mort naturelle.

M. le vicomte de Courval et M. le comte A. Descars,
préconisent l'élagage des branches ras du tronc; se sont-
ils bien rendu compte de l'organisation d'un arbre? il
serait presque permis d'en douter. A sa naissance, la
branche est moins grosse que le bout du petit doigt, sa
couronne protectrice commence dès la première année

à l'envelopper dans son sein ; en grossissant, elle est
d'année en année régulièrement enveloppée et la marque de chaque année sur l'arbre, ressemble à un zig-zag
visible quand celle-ci est fendue par le milieu ; c'est ce
bois difforme arrêté dans son droit fil qui fait de si beaux
meubles, la joie de l'honnête ouvrier et le bonheur du
patron. La place que tient une branche dans le tronc
d'un arbre est de forme presque toujours très-ovale ; une
toupie plantée dans la terre glaise en donne une idée
assez exacte, *une fois la toupie retirée de terre, il reste
un trou en forme d'entonnoir, au fond le fer a formé la
naissance, et le haut la fin de la branche,* presque
toutes les caries d'arbres ont cette forme ovale que chacun peut constater de *visu.*

Si l'on coupe une branche ras de la couronne (fig. 12),
la carie envahit toujours l'arbre ; les branches moyennes
formeront la carie ovale, et les maîtresses branches qui
ont pris naissance dans le cours même du tronc l'y intro-
duiront avec tous les désordres bien connus des marchands de bois. La taille ras de la couronne est celle qui
s'impose dans les parcs et les jardins des maisons de
campagne, elle a été adoptée par M. le professeur Dubreuil,
et c'est celle que je pratique moi-même comme étant la
moins mauvaise. Dans les parcs et les maisons de campagne, on sera donc toujours obligé de pratiquer l'élagage comme un mal nécessaire ; car on a des arbres pour
son agrément et le propriétaire ne peut pas se soumettre
au caprice de la végétation. Ce doit être au contraire la
végétation qu'on soumettra au besoin du propriétaire ;
des arbres couverts de branches mortes, attesteront presque toujours une propriété mal tenue et négligée.

Dans les forêts de rapport, le cas est différent, et le bois mort au contraire donne un aspect grandiose et sauvage ; la taille ras tronc est donc la plus mauvaise que l'on puisse pratiquer ; il arrive que pour tailler une branche d'un diamètre de 5 centimètres qui ne nuirait pas à l'arbre, on fait une taille de 15 centimètres, soit 10 centimètres de couronne amputée qui amène tout de suite la carie dans le bois de droit fil du tronc. On dit que pour obtenir la guérison radicale d'une plaie, il suffit de la goudronner avec du goudron de gaz : les lois de la nature sont immuables, dès qu'une branche est taillée, la carie se manifestera selon la conformation et la grosseur de la branche, et l'homme n'a rien trouvé et probablement ne trouvera rien qui puisse empêcher la carie de se former à la place de la branche amputée, car le bois d'une branche amputée restant dans le tronc de l'arbre est une matière morte, inerte, que l'arbre cherche à rejeter de son sein comme un corps étranger. Comment se fait-il que tant de gens instruits, des physiologistes distingués et même un petit nombre, il est vrai, de forestiers distingués aient pu croire que l'on pouvait couper impunément des branches ras-tronc sur les arbres de forêts sans encourir la carie ? Le goudron de gaz est comme je l'ai dit, un insecticide énergique ; ainsi prenez un frelon, insecte très-vigoureux, et dont la vie est très-dure,

Fig. 12. — Coupe ras de
la couronne.

avec une baguette trempée dans du goudron de gaz, touchez-le légèrement sur une partie quelconque du corps, il mourra en quelques minutes. Dans les trous de murs, dans les joints et les vis d'un bois de lit empesté de punaises, le goudron opère comme par enchantement ; si l'on introduit des chiffons imbibés de goudron dans les trous des rats et des cafards, ni les uns, ni les autres n'y reparaîtront et n'en déboucheront les issues : le goudron pour cet usage est supérieur aux poudres insecticides et au plâtre mélangé de verre pilé.

Quant aux arbres, il ne faut pas se le dissimuler, le goudron est extrêmement dangereux, et cela n'a pas échappé à la sagacité de M. Dubreuil qui lui attribue des propriétés destructives. Après l'amputation d'une branche, si l'on passe du goudron sur la plaie, le bourrelet de recouvrement se fait moins bien, car le goudron inspire à l'arbre une vive répulsion et la surface de la plaie reste dure. Tout le bois que le goudron a pénétré, se conserve fort bien ; de là, l'erreur de ceux qui ne voyant que superficiellement les arbres, croient qu'il n'y a pas à craindre la carie sur des arbres à bois blancs, marronniers, tilleuls, etc., 6 ou 7 ans après l'opération, si l'on frappe avec un marteau sur la plaie goudronnée, le son est creux, et lorsqu'on enlève la partie durcie par le goudron, le bois de dessous est brûlé, décomposé par les propriétés *fermentantes* du bois lui-même que le goudron a empêchées de s'évaporer et qui ressemblent assez à du bois décomposé, ayant été peint ou goudronné étant vert ou à des bois de platanes et de hêtres, auxquels on n'aurait pas enlever l'écorce par place pour l'évaporisation des propriétés *fermentantes*, ce que les bûcherons ne manquent jamais de faire. On croit qu'il suffit qu'une plaie soit couverte par les bourrelets, pour que là carie en soit arrêtée; je suis très-surpris qu'un grand nombre de forestiers soient de cet avis, car c'est erreur; la décomposition du bois de la branche recouverte se fera beaucoup plus vite que si elle est en contact avec l'air, à cause de l'humidité naturelle du bois et de la sève qui se décomposent si la branche est d'un grand diamètre.

M. le vicomte de Courval dit avoir 6 ans après, dans la même année que le recouvrement se termine, donné deux traits de scie ou de ciseaux jusqu'à la surface de l'enduit du goudron, elle a été trouvée constamment saine, ferme, exempte de toute espèce de décomposition ou pourriture, ceci est certainement pour la surface incontestable.

Si l'on avait creusé légèrement sous le goudron, on aurait trouvé tout le bois blanc décomposé, quoique dur encore. En ce qui concerne le chêne, ce n'est pas 6, ni même 10 ans, mais bien 15, 20, 30 ans après l'élagage que le recouvrement est opéré et que la carie se montre dans tout ce qu'elle a d'effrayant; la déception du propriétaire sera alors à son comble, les marchands de bois abaisseront le *prix de revient*. On a donné l'exemple de chênes âgés de 40 à 50 ans, sur lesquels n'aurait été pratiquée la taille à chicots et dont la carie arriverait jusqu'au cœur de l'arbre; cela est sans exemples sur des arbres si jeunes et lors même que le chicot n'aurait que 10 centimètres. Ces caries fantastiques n'existent que sur les livres de MM. de Courval et Descars qui disent avoir pris ces dessins d'après nature. Je n'émets aucun

doute à ce sujet, je crois à leur parfaite bonne foi, mais il
est certain que ces dessins représentent de vieux chênes
rabougris, rachitiques, plusieurs fois séculaires tombant
en décomposition, sur lesquels j'ai vu quelques professeurs
essayer vainement des insecticides; les insectes rongeaient
de plus belle. Contre la force de la nature, l'homme ne
peut pas grand chose; les pauvres arbres nous ressemblent
et comme eux nous sommes souvent attaqués avant
notre mort par des insectes, dont les plus habiles hommes
de l'art ne peuvent nous délivrer quelque savants que
soient les professeurs, ils perdront leurs peines et leur
latin et feront périr l'arbre en voulant le sauver des
insectes au moyen des insecticides. Seuls, les oiseaux
sont chargés de maintenir un équilibre contre l'envahissement des insectes, mais ils ne peuvent rien sur des
arbres qui tombent en décomposition et se carient de
toutes parts.

On représente dans ces mêmes livres des plaies d'un
très-grand diamètre, recouvertes avec un bon bois de
droit fil et déjà d'une forte épaisseur, ceci est encore
beau sur les papiers où l'on fait ce qu'on veut; seulement
en réalité, il n'en est pas de même. Si on étudie quelque
peu une plaie large sur un animal, on remarquera que
la chair qui compose la cicatrisation n'est pas de la même
teinte que la chair primitive, et doit être la première à
tomber en putréfaction, après la mort de l'animal. Cette
analogie se retrouve sur un chêne cicatrisé; le bois de
recouvrement sur une plaie un peu grande reste toujours
aubier, c'est-à-dire qu'il ne devient jamais bois rouge,
comme le cœur du même arbre; les filaments de ce bois
sont difformes, contournés, il se contracte par toutes les

8

températures, il est cassant, irrégulier, les pores sont presque invisibles à l'œil nu ; au lieu d'être placés dans le sens longitudinal, ils le sont dans le sens des fibres et ne paraissent avoir aucune issue. Comme je l'ai tant de fois remarqué sur des arbres abattus, cette place est toujours la première attaquée par d'innombrables insectes. La carie qui se trouve en dessous, ce bois de recouvrement une fois décomposé en poussière, il se forme un point de rupture dangereux pour un bâtiment dont la charpente serait faite de bois élagué.

Pour que les propriétaires adoptent ce mode d'élagage, on glisse sur l'existence de la corrélation des branches avec les racines, corrélation que la physiologie prouve surabondamment, comme on va le voir. En entrant dans une belle forêt, on est toujours frappé de la beauté majestueuse de la plupart des chênes. Je prends un de ces arbres magnifiques, jeune encore et plein de vigueur, il est muni de longues et puissantes branches, aux nombreuses ramifications qui sont autant d'armes offensives et défensives dont il se sert pour couvrir, étouffer ses ennemis, c'est-à-dire les arbres de genres différents qui attendent qu'il meure pour prendre sa place ; les nombreux sous-bois, ses amis inséparables couvrent ses racines, maintiennent la fraîcheur, retiennent les feuilles, afin que le vent ne puisse les porter ailleurs. Le chêne, dans ces conditions, vivra de ses propres feuilles décomposées et assaisonnées avec les feuilles des sous-bois et autres espèces d'arbres ; je m'approche du tronc, au pied duquel je vois plusieurs saillies ovales qui indiquent des racines et leur direction dans le sol ; je lève les yeux verticalement et sur la ligne des racines,

je vois des branches qui me paraissent proportionnées
en grosseur aux saillies; il n'y a plus aucun doute, la
corrélation est complète; pour plus de sûreté encore, il
suffira de couper la racine qui correspond avec la branche; l'année suivante à la première poussée, on verra
celle-ci mourir ou se feuiller à peine, tandis que le reste
de l'arbre ne paraîtra nullement en souffrir. Si, au contraire, on coupe la branche au lieu de la racine, celle-ci
une fois découverte, aura une teinte toute particulière
et une déperdition de sève, puisqu'elle sera privée de la
branche qui l'absorbait. Pour m'assurer de ce fait, je
n'ai pas été obligé de recourir à ce moyen barbare et
cruel, le hasard m'en a fourni des preuves plus que suffisantes. Si, d'après cette méthode d'élagage qui consiste
à réduire les branches pour refouler la sève dans le
tronc, augmenter la couche d'aubier chaque année,
acquérir une grosseur en moins de temps, tailler ras-tronc
une certaine quantité de branches, etc., etc.

Que va devenir ce bel arbre après cette opération?
Les arbres ses voisins, découverts, mis à jour, se redres-
seront contre ses branches réduites qu'ils envelopperont
de toutes parts, et feront mourir quelques-uns des organes
si nécessaires à sa nutrition. Attaqué dans ses racines,
réduit et privé de nourriture, l'arbre dans sa vigueur
sera diminué, devra certainement être attaqué d'une
maladie qui causera sa mort prématurée. « Traités selon
notre méthode, les arbres conservent leurs feuilles vertes,
tandis que ceux qui ne sont pas élagués, ont les feuilles
jaunes ou les perdent même avant l'automne », ce n'est
là que le résultat d'une végétation tourmentée; les
racines et les branches n'étant plus dans la même pro-

portion, la sève se porte sur les quelques rameaux qui
restent, de là cette végétation en apparence luxuriante,
mais toute artificielle.

Je copie textuellement dans la brochure de M. le comte
A. Descars, ce qui concerne l'*élagage des arbres* (dernier
arbre). « Ces arbres ont cessé de grandir, leur tête
s'aplatit, elle est maintenue dans la forme et dans les
dimensions nécessaires pour ne pas nuire aux taillis en-
vironnants et aux jeunes réserves destinées à le remplacer.
Ils n'ont plus qu'à grossir à mesure que les couches
annuelles d'accroissement diminuent d'épaisseur, elles
augmentent de dureté et de résistance. Nous reviendrons
sur l'élagage propre à chacune de ces catégories.

Ces formes que j'assigne ne sont autres que celles que
la nature donne aux plus beaux arbres, il est bon du
reste, de rappeler que c'est le point de vue utile et non
le pittoresque qui nous occupe ici. »

Dans la brochure de M. le vicomte de Courval, *taille
et conduite des arbres forestiers.* « C'est une véritable
taille fréquente, presque continue, comme celle qu'exigent les arbres fruitiers. Avec les soins hygiéniques et
curatifs qu'on devra appliquer avec persévérance aux
arbres de haut jet, si l'on veut en assurant par de beaux
peuplements l'avenir forestier, augmenter sa fortune et
celle du pays. »

Puisque ce mode d'élagage doit être appliqué aux
arbres forestiers comme aux arbres à fruits, ne différant
que dans la forme, il est bon de voir quelles en seront
les suites au point de vue physique. Tous les arbres à
fruits régulièrement taillés ont l'écorce d'abord, puis la
sève et l'aubier rongés par toute sorte de vermine, suivie

de chancres, d'ulcères et de caries ; ils ne grossissent
presque pas, étant privés d'une portion de leurs branches et il s'ensuit naturellement une mort prématurée :
il est très-fréquent de voir des arbres en apparence bien
portants, mourir en pleine sève sans qu'on en connaisse
la cause, ceci n'arrive jamais aux fruitiers des forêts
qui vivent très-longtemps et dont le bois est bien supérieur aux autres ; dans mes voyages, le hasard m'a fait
rencontrer en différentes contrées, des arbres à fruits
abandonnés aux pieds des murs incendiés ou tombant
en ruine qui avaient été régulièrement taillés, la plupart
se ressentaient encore de leurs blessures, quelques-uns
exempts de la vermine qui les rongeaient pendant qu'ils
étaient tenus en servitude, avaient supporté leurs greffes
et atteint une vigueur relative ; le plus petit nombre qui
n'étaient en somme que de rares exceptions, s'étaient
dépouillés de leurs greffes et avaient repris à peu près
cette vigueur libre et saine, toujours agréable à l'œil
exercé du physiologiste.

Je me suis peut-être déjà trop étendu sur ce sujet
d'élagage ; il est pénible pour les personnes qui l'ont
pratiqué dans leurs forêts, de se voir obligées de faire
un retour sur elles-mêmes en reconnaissant leur erreur,
mais la vérité est là et contre la vérité, on ne peut discuter.

Voici textuellement un extrait de la *Revue des eaux et
forêts* par MM. Mer et Fautrat, « quand on découvre un
« bourrelet, une année après l'amputation, dit M. Mer,
« on constate qu'un commencement de carie a atteint
« une zone de quelques centimètres en dehors du péri-
« mètre de la surface goudronnée, cette carie ne pénètre
« qu'à une faible profondeur, elle est caractérisée par

« une couleur plus foncée du bois, une certaine friabi-
« lité dans ce dernier et un degré assez marqué d'humi-
« dité ; si l'on en dessèche quelques fragments en les
« exposant à l'air, les signes de décomposition dispa-
« raissent généralement, le bois reprend sa dureté et sa
« couleur.

« Si l'on découvre un bourrelet de seconde année, on
« voit que la carie a fait des progrès ex-extension et en in-
« tensité, elle n'a pas encore atteint la surface gou-
« dronnée, mais a pénétré sous elle et ne s'est arrêtée
« qu'à quelques millimètres de la superficie.

« Exposés à la dessécation, les fragments de ce bois
« ne prennent plus leur teinte et leur consistances nor-
« males. Sur une plaie plus ancienne, la carie s'étend
« sur toute la surface extérieure qu'elle finit ensuite par
« envahir. »

M. Fautrat, ayant de son côté observé les résultats de
l'élagage sur des arbres appartenant à l'état et à des
particuliers, arbres traités avec le plus grand soin et
tous pansés au goudron (coaltar), dit, que lors de la vente
de ces arbres, la perte a été de 10 %, et il en conclut
que l'élagage des branches basses sur les baliveaux et
sur les anciens arbres, appliqué comme système d'opération, serait dans nos forêts la ruine certaine de nos
pièces de charpente et d'industrie.

Voilà le rapport le plus juste, le plus net et le plus
concluant fait par des inspecteurs de forêts, des hommes
de métier, je ferais cependant observer que j'ai vu aussi
acheter des arbres élagués, sur lesquels les marchands de
bois exigeaient un rabais de 20, 30 et même 40 % selon
que l'arbre porte plus ou moins de miroir d'élagage.

Depuis qu'en 1860, le système d'élagage de MM. de Courval et Descars, a été préconisé et appliqué dans différentes propriétés en France et surtout aux environs de Paris, on voit des chênes qui, par cet élagage ont été équarris ou arrondis tout vifs, recouverts d'une écorce lisse et blanchâtre sur la partie amputée. Cet élagage a été appliqué en Suisse, je l'ai vu aussi apparaître en Hollande, l'année dernière dans une propriété voisine de l'immense domaine de S. A. R. le prince Frédéric des Pays-Bas, près de La Haye Huist de Paaw (aux paons), où j'ai fait des travaux d'élagage et formé un élagueur.

Or, d'après les revues et les rapports divers de gens indépendants et compétents, ceux-ci estiment que les arbres élagués depuis 1860 jusqu'à ce jour, représentent une valeur de 120 millions de francs ; pour ma part, je crois que l'on est même au-dessous de la vérité, d'après l'engouement des propriétaires à faire élaguer et le nombre vraiment effrayant d'arbres traités d'après cette méthode à 10 % de perte, ce serait 12 millions. En ajoutant 1 million ½ pour frais d'élagage que le bois des branches ne peut pas payer, on peut établir que le *prix de revient* se solde par un déficit de 13 millions ½ de francs de perte pour la fortune publique.

Qu'une main aristocrate, blanche et des plus distinguées écrive un livre sur les élagages, que ce livre soit pour quelques lecteurs un sujet d'étonnement et pour d'autres un agréable passe-temps, que cette même main porte sur l'œil de son propriétaire le petit joujou en carton nommé *dendrscope*, qui doit dans le rayon visuel donner la forme voulue aux arbres que l'on élague, que le même propriétaire dans cette position, croit que pour augmenter

sa fortune, celle de ces proches et du public, il n'y ait plus
qu'à dresser des manœuvres aux maniement de la serpe,
ce n'est pas moi qui serait assez méchant pour oser le
désillusionner.

Que tant d'autres propriétaires imitent le premier et
croient eux aussi que pour augmenter leur fortune, ils
n'ont plus qu'à faire élaguer les arbres de leurs forêts,
en cela j'estime que c'est très-malheureux pour ces derniers et de plus une calamité publique.

Que quelques forestiers des plus distingués qui sont
honorés de la haute mission de conserver nos forêts
d'Etat, qu'ils mettent en pratique dans ces mêmes forêts
le regrettable système d'élagage de MM. le vicomte de
Courval et le comte Descars, peut-être que les premiers
méritent un blâme et encourent le risque d'être sévère-
ment condamnés par l'histoire, pour déshonorer ainsi
nos belles forêts.

Est-ce à dire que je repousse moi-même tout élagage ?
Assurément non ; après la coupe du taillis, l'élagage sur
quelques baliveaux de réserve est absolument indispensable. Lorsque ceux-ci ont été obligés de monter outre
mesure, toutes leurs forces vives se portent au sommet
pour dominer le taillis et ne pas être étouffées par ce
dernier, le baliveau isolé aux prises avec le vent chargé
de neige ou de givre sera recourbé (fig. 13) jusqu'à terre,
le bois désagrégé et les fibres désorganisées, en sorte
que, bien que redressé par la suite, il sera atteint de
roulure et de suppurations. Dans ces conditions, un baliveau qui aurait produit un fort bel arbre, ne sera plus
qu'un sujet rachitique tout au plus bon à faire du bois à
brûler. Je ne prétends pas donner une forme aux bali-

Fig. 13. — Baliveau à équilibrer à l'élagage.

veaux, l'art n'a que faire dans les forêts, je m'en tiendrai
purement et simplement aux réductions de quelques
branches, afin de rétablir l'équilibre sur les sujets qui
me paraissent trop faibles de tronc. Ainsi, je vois à quelques pas un baliveau qui me paraît être très-haut, sans
branches, l'écorce du tronc est presque blanche, je m'approche, c'est cependant bien un chêne ; l'écorce est
rouge sur quelques parties qui ressemblent à des bala-
fres résultant d'un frottement réitéré avec quelques
branches, je vois au pied la place qu'occupaient d'autres
arbres, auxquels il a livré de rudes combats ; c'est bien
par l'étreinte et la privation complète d'air que l'écorce
a blanchi, il y a donc affaiblissement du bois et il sera
impossible à cet arbre de porter toutes ses branches.
J'en réduis trois, dont le volume représente la moitié
du branchage, soit quatre kilos environ, sur un tronc
de 35 à 40 centimètres de circonférence : à la poussée
suivante, de petits bourgeons naîtront sur le tronc, qui
au contact de l'air et du soleil, prendra des forces et
changera de couleur.

Je passe à un autre baliveau aussi allongé, auquel je
réduis deux branches, deux kilos environ : un troisième
me donne des doutes. Ah ! voici une grande branche
horizontale qui commençait à le faire incliner et que je
vais réduire. Un quatrième est fourchu ; je coupe la
branche qui se trouve le moins d'aplomb avec le tronc,
pour que celui-ci ait plus de valeur et ne soit plus par-
tagé en deux par une bifurcation. Un cinquième baliveau bien d'aplomb, plus gros en bas qu'en haut, est
trapu, (fig. 14) solide, son écorce n'a pas la couleur blanche, sa croissance a été libre et privilégiée de la nature

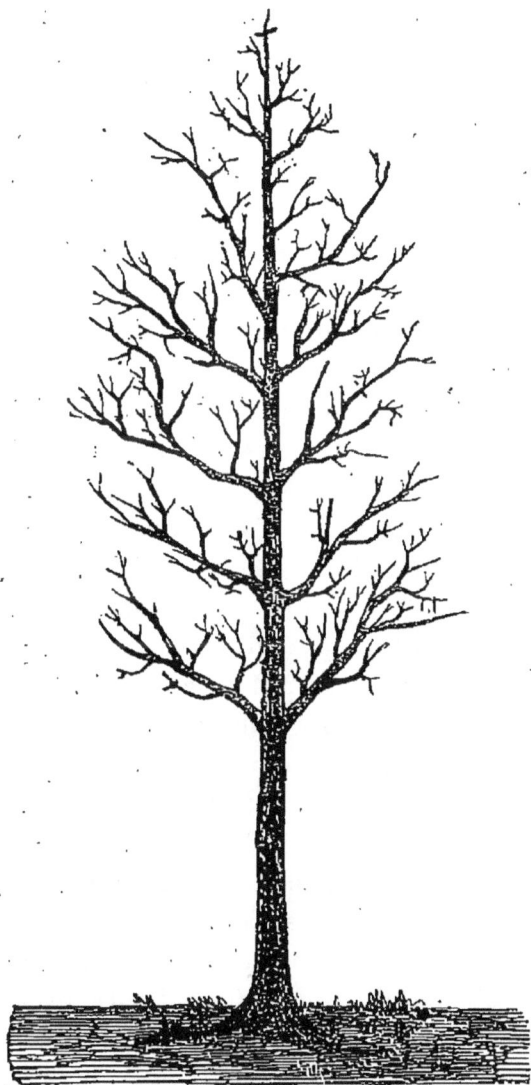

Fig. 14. — Baliveau n'ayant pas besoin d'élagage.

ici aucun élagage ne doit être pratiqué. La plupart des baliveaux se trouvent heureusement dans ce cas et le forestier a bien su faire son choix en réserve.

La *Débifurcation* peut aussi s'appliquer avec avantage sur des conifères, mais pour les premiers comme pour les derniers la branche ne doit jamais dépasser 5 centimètres en diamètre.

Voilà en quoi consiste tout l'élagage, le dépasser c'est s'attirer de sensibles déceptions.

Je pénètre dans une forêt dont le taillis a 7 ou 8 ans et où les arbres de semis se font toujours la guerre les uns aux autres. Voici entre tous un sujet qui paraît promettre beaucoup et qui est tenu en haleine par d'autres arbres fort inférieurs en apparence. Dois-je réduire quelques branches à ces derniers pour faciliter sa croissance? Non... je ne dois pas le faire, car j'ignore quel est le rôle que la nature lui a assigné. Est-il l'avant-garde d'autres arbres auxquels il prépare la place en subissant tous les assauts? Mourra-t-il plus tôt que les arbres de son espèce ou doit-il succomber pour que ses dépouilles servent de nourriture aux arbres d'espèce différente. Voilà une question sur laquelle le plus savant naturaliste ne pourrait peut-être se prononcer en parfaite connaissance de cause? La nature garde ses secrets; dans la forêt tout est mystère et dans de telles conditions, un coup de serpe pourrait apporter le désordre et la perturbation. Les arbres doivent être livrés à leur propre antagonisme, la nature seule peut mieux que le plus habile forestier, choisir les plus vigoureux à demeurer et faire disparaître les plus faibles. J'ai passé presque toute mon existence dans les forêts, j'ai pratiqué et je

pratique encore après 20 années le métier d'élagueur
d'arbres, néanmoins j'ai toujours considéré l'élagage
comme tyrannique, arbitraire et complètement opposé
aux lois de la nature.

Je vois des propriétaires, et cela m'est pénible à dire,
enlever, d'après les conseils de quelques forestiers, ôter
les sous-bois qui fournissent tant de dépouilles pour la
nourriture des arbres; tailler en-dessous pour faire
monter; éclaircir dans l'espoir d'obtenir de plus grosses
et plus longues perches de taillis : c'est hâter la ruine
d'une forêt que de procéder ainsi, car entre l'espoir d'une
plus-value et les frais qu'entraîne cette opération il reste
une marge qui doit être remplie et qui ne le sera qu'aux
dépens du propriétaire; il en sera toujours ainsi de l'élé-
gage pratiqué sur les arbres. Plus j'ai étudié la nature
plus je la trouve réfractaire à toute exclusion, il ne sera
jamais rationnel d'exiger des forêts et des arbres ce qu'ils
ne peuvent donner en dehors de leur état normal.

Les branches basses des arbres qui forment la bordure
d'une forêt sont très-utiles pour rejeter le vent par-dessus
le bois et en détourner la fureur; si, par malheur, on
venait à élaguer les branches protectrices, le vent s'en-
gouffrerait dans la forêt et abattrait les arbres par vastes
places; de là ces clairières donnent prise au vent qui
continue à renverser les arbres avec leur motte comme
le souffle renverse des châteaux de carte.

Les pentes très-abruptes dont le sous-sol est formé de
terre glaise de gravier mélangé ou pierre de molasse, sont
sujettes aux éboulements dans les temps de grosse pluie
et d'orage; dans ce cas, il est bien rare que la nature ne
donne pas par quelque commencement ou velléité d'ébou-

lement l'indication de ce qui doit être fait à ce sujet. Ce
qui retient la couche de terre végétale c'est le tissu inex-
tricable des racines, la pression du courant des eaux de
pluie dans le sous-sol, le balancement des grands arbres,
la mobilité de leurs racines, peuvent produire la rupture
du tissu et de là ces éboulements épouvantables qui sont
à jamais la cause de la perte totale du terrain éboulé.
Afin d'éviter dans une certaine mesure ces accidents, il
faudrait ne laisser aucun arbre dans le taillis en faisant
en sorte cependant de conserver à proximité des arbres
porte-graines pour la reproduction.

Dans les grands et les petits parcs, sauf une partie
réservée à l'état sauvage destinée à varier le paysage,
toutes les plantations sont artificielles et doivent rester
telles; s'il en était autrement, la nature ferait peu à peu
complètement disparaître le travail de l'homme. Il arrive
quelquefois que les gens chargés de l'entretien d'un parc
ne remarquent pas que les arbres abritent sous leurs
branches basses toute espèce de semis d'arbres et de
sous-bois qui vont croissant même en dehors du tracé et
envahissent peu à peu la pelouse. Voici entre autres
l'aspect que m'offrit un parc créé au commencement du
siècle par un habile architecte-paysagiste.

La première chose qui frappe mes regards est une
splendide châtaigneraie jeune encore en partie, débordée
et attaquée par des arbres venus à l'aventure qui se
redressent contre les châtaigniers dont quelques-uns sont
déjà morts et d'autres attaqués dans leurs maîtresses
branches, mais encore vigoureux pour la plupart.

Il n'y avait pas à hésiter; je fais extirper tous les
arbres aventuriers, les châtaigniers à la fleur d'une blan-

cheur éclatante, morts dans le combat, sont remplacés. Des hêtres pourpres ont à leur pied des vernis du Japon et des venus aussi d'aventure; un magnifique cèdre du Liban est déjà en partie paralysé par des acacias poussés sous son couvert; plus bas, dans une belle avenue quelques tilleuls souffrent du voisinage des frênes et des érables aventuriers; tous ces arbres inutiles et dangereux seront extirpés. Un massif d'arbres de luxe dont la plupart sont morts ou ne valent guère mieux est à refaire. Voici enfin une sapinaie presque toute envahie par des acacias! Maudite espèce d'arbres! je vous trouverai donc toujours malfaisants!

C'est dans cet état que se trouvent la plupart des parcs et des maisons de campagne.

La surveillance et les soins doivent être continus. Afin de préserver et de converver les plantations, il suffira surtout d'extirper, dès qu'ils sortent de terre, tous les semis venus d'aventure et qui peuvent être utilisés pour faire une pépinière de réserve; ici encore l'élagage, quoique très-utile, doit être appliqué sobrement et d'une façon judicieuse et raisonnée.

L'époque la plus favorable pour les élagages de branches mortes ou mourantes et de chicots pour les réductions, etc., est l'été. Je me mets en contradiction ici avec certains écrivains qui ne font aucune différence d'un arbre à fruit artificiel qui ne peut être taillé que dans la saison voulue, qui affirment qu'à cette époque il y a déperdition de sève. A l'exception des arbres résineux que l'on ne doit point élaguer, je n'ai jamais vu en été déperdition de sève sur les arbres à feuilles tombantes; les écoulements de sève à grosses gouttes se font

pendant l'hiver et dès les premières gelées. Tous les
élagueurs ont pu constater comme moi ce fait sur les
charmes, les noyers, les érables et les bouleaux; en
dehors de ces quatre essences, je n'ai jamais, à aucune
époque, vu se produire des pertes de sève sur d'autres
arbres.

On remarque généralement que les arbres qui bordent
les grandes routes sont chétifs et languissants, c'est que
ces arbres n'ont pour toute nourriture qu'un terrain dur,
compact et sec sur lequel les eaux de pluie ne pénètrent
pas en quantité suffisante; ces arbres limités, empri-
sonnés dans un espace très-restreint sont atteints d'atrophie ou succombent à une mort prématurée.

S'il arrive aux racines de pouvoir dépasser le fossé et
quitter le terrain ingrat de l'administration pour chercher dans celui du voisin une substance facile et abondante, ces racines sont impitoyablement retranchées, et
il se trouve des gens assez peu expérimentés bien que de
bonne foi, je veux bien le croire, qui prétendent qu'on
doit régénérer l'arbre par l'élagage. Je le répète encore,
plus un arbre a de branches vives, plus il puise de nourriture dans le sol : plus on lui enlève de branches vives,
plus on le prive de nourriture; l'élagueur qui débute
dans le métier doit se bien pénétrer de cette idée.
Aujourd'hui trois essences d'arbres appliquées au système
de culture, les châtaigniers en perche, les frênes et les
pins sylvestres donnent un fort beau revenu; comme ces
essences doivent être plantées pures, on revient en
quelque sorte à l'artificiel, mais à part les sous-bois on
devra extirper tous les arbres venant d'aventure. La
réussite de cette culture n'aura lieu que si l'on a bien

choisi son terrain, et le revenu comme la durée de la
plantation seront conformes au sol, selon qu'il sera plus
ou moins fertile, substantiel et profond après un certain
laps de temps on sera obligé de changer la culture en
renouvelant les essences.

J'ai vu dans un parc, il y a quelques années, une châtaigneraie en perche de taillis dont la conception était
fort heureuse ; afin d'éviter la vue du mur de clôture sans
se priver de la vue des blanches alpes, on avait planté du
nord au sud une lisière légèrement circulaire qu'on cou-
pait par moitié de 5 en 5 ans lorsque les nouvelles
poussées étaient assez hautes pour voiler le mur et l'on
avait ainsi joint l'utilité à l'agrément. Le père légua
cette plantation à son fils, source de revenus assurés,
ce dernier, soit indifférence, soit incapacité, la laissa
péricliter : les acacias du voisinage prirent le sud pour
point d'attaque et lorsque je vis la propriété, la plupart
des châtaigniers étaient déjà morts sous leur couvert, le
reste était languissant ou atrophié et quelques pas plus
loin, on ne trouvait plus que 5, 4, 3, 2 et 1 acacias, enfin
ce dernier formant la pointe extrême de la bataille. Tout
à côté les châtaigniers étaient encore pleins de vigueur,
mais les acacias ayant allongé leurs racines en avant,
auront dès la prochaine coupe, envoyé des rejets qui
s'élargiront jusqu'à la complète disparition des châtaigniers.

Je ne dirai pas ici comme certains auteurs que les
gardes quelquefois se font les complices des déprédations
commises dans les forêts qu'ils ont la mission de garder ;
il y a bien quelques gardes indifférents qui ne se rendent
pas compte de leur devoir et ne comprennent pas que le

9

sort d'une forêt dépend complètement de leur surveillance; il y a en outre la routine et l'ignorance complète de la sylviculture. Ne voit-on pas aussi des gardes particuliers de père en fils, dont toute l'ambition est d'arriver un jour au titre de régisseur chez le propriétaire par lequel ils sont employés? Cet état de choses est contraire au bon sens, car les hommes ont des aptitudes différentes, les uns pour être avocats, hommes de loi, financiers; si un ouvrier apprend volontairement le métier de maçon, c'est qu'il ne se sent pas apte à exercer celui de forgeron; il ne faut donc confier la garde des forêts qu'aux hommes de goût et d'aptitudes qui, au préalable, auront étudié quelque peu la sylviculture.

Les dégâts commis par les maraudeurs sont quelquefois effrayants; s'ils prenaient pour faire leurs liens de gerbes ou de fagots des viormes mauciennes, des noiseliers, des cornonillers des bois de Sainte-Lucie (verne puante) qui se tordent très-bien, le mal serait presque nul; mais ce sont les charmes, les bouleaux et surtout les châtaigniers et les chênes qu'ils attaquent et qui pourraient promptement fournir des baliveaux de réserve. Dans les forêts dont le taillis est déjà grand, les maraudeurs prennent généralement des perches très-droites et au nombre desquelles il se trouve encore des baliveaux qui auraient été de réserve; or le pied sur lequel a été coupée la perche est à jamais perdu par le couvert intense du taillis qui cause toujours la mort de la souche. Le propriétaire qui veut se rendre compte par lui-même de ce fait se rend seul incognito sur les lieux où il suppose que les maraudeurs commettent le plus de déprédation. Il pénètre dans la forêt. La course ayant été peut-être un peu longue, il sort de son sac la provision de vivres qu'il arrose d'une bonne bouteille de vin ; les sens se remettent, *les esprits reviennent* et il ne tarde pas à apercevoir trois ou quatre petites brindilles au feuillage large et vigoureux près duquel il s'approche : c'est un châtaigner de semis qui a été coupé tout d'un côté, c'est un chêne de semis qui a subi le même sort ; des bouleaux, des charmes, des sorbiers des oiseaux, etc., tous ont été coupés. Ici c'est un taillis de 5 ou 7 ans, les brindilles qui ont repoussé sur le pied coupé ne pourront jamais atteindre la hauteur, en sorte que ce taillis par son couvert intense les étouffera ; si l'on pénètre de là dans un taillis de 12 ou 15 ans, quoiqu'il n'y ait pas les brindilles révélatrices, aucun rejet ne repoussera sur le pied coupé et en regardant attentivement on trouvera la place d'un chicot ou même le chicot mal coupé à la hâte par le maraudeur. Il résulte de ces déprédations des clairières, l'impossibilité de trouver des baliveaux sur pied et de là la ruine des forêts.

Ornithologie.

Depuis bien des années, les gens clairvoyants voient avec regret disparaître nos petits et nos gros oiseaux insectivores et tous sont unanimes à reconnaître le danger que présente la destruction de ces animaux utiles.

Les mésanges s'attaquent principalement aux chenilles processionnaires ; en hiver, on les voit s'accrocher aux toiles blanches presque incombustibles qui couvrent les chênes imperméables au froid et à la pluie, les déchirer

et manger toutes les chenilles douillettement emmitou-
flées dans leur toile. Ces mêmes mésanges voyageuses,
actives et toujours en quête d'insectes, passent et repas-
sent dans les vergers et les jardins, nettoient les interstices
de l'écorce des arbres à fruits et les débarrassent de tous
les insectes qui s'y sont réfugiés. Les services que ces
oiseaux nous rendent sont immenses, mais aujourd'hui le
nombre des arbres fruitiers, cultivés avec tant d'art par
les horticulteurs, a considérablement augmenté, tandis
que les oiseaux diminuent et ne sont plus en nombre
suffisant pour nettoyer les arbres, c'est pourquoi on
voit tant de fruits véreux. Je me trouvais un jour sur
un noyer et le bras quelque peu fatigué après avoir
coupé une grosse branche morte, je me reposais assis sur
une branche horizontale. Au sommet de l'arbre arrive
une mésange à tête bleue, seule et jetant des cris d'inquié-
tude; je la vois planter le bec dans le brou d'une noix;
sachant toute l'amertume qu'il contient, je veux après le
départ de la mésange savoir ce qu'elle avait cherché sur la
noix, j'y trouve un petit trou, j'enlève le brou délicate-
ment et je constate entre le brou et la coquille la place
d'un insecte qui n'avait pu trouver encore la partie vulné-
rable de la noix et que la mésange venait d'emporter.
Ah! que de mésanges il aurait fallu sur ces noyers dont les
deux tiers des noix étaient véreuses!

Les huppes, dont le plumage est presque couleur de
terre, se blottissent immobiles dans les jardins et les
champs, attendant que les taupes grillons (courtillières)
remuent la terre pour les happer dans leurs galeries avec
leur long bec. Essentiellement insectivores, les huppes ne
prennent les insectes que sur le sol.

Je ne prétends pas faire ici un traité d'ornithologie, il y a assez d'ouvrages sur ce sujet, mon but est simplement d'indiquer le moyen de faire et de poser ces nichoirs en vue de la multiplication des oiseaux, et je n'admets ici l'exclusion d'aucune espèce : tous les oiseaux sont utiles, bien que de différentes manières, et en cela encore la nature se montre rebelle à toute exclusion. Elle a fourni à tous les oiseaux le moyen de se garantir des oiseaux de proie : les fauvettes, les rossignols, etc., se fourvoient dans les buissons où les oiseaux de proie ne peuvent pénétrer, il en est de même des pinsons, des chardonnerets qui sont à l'abri dans les branches des arbres. S'il arrive qu'un oiseau de proie saisisse un oiseau malade c'est un bien, car la putréfaction qui empesterait l'air est ainsi évitée, si la victime est un petit oiseau tombé du nid ainsi débarrassé, toutes les tendresses du père et de la mère seront portées sur les autres oiseaux qui ne s'en développeront que mieux.

Les moineaux ne sont pas complètement des oiseaux sauvages; quoique très-utiles, indispensables, ils peuvent être nuisibles quand ils sont en trop grand nombre dans un village, et j'estime qu'il serait bon de les réduire dans une certaine mesure. Il est vrai que cette recommandation est presque inutile et qu'on ne leur fait que trop la chasse.

J'extrais ici du traité d'*Ornithologie* de M. de la Blanchère, quelques lignes sur les oiseaux utiles ou nuisibles.
« Les trous que creusent les pics sont beaucoup moins » profonds que la renommée ne le proclame : la plupart » du temps ils ne vont que jusqu'à l'aubier et dans tous » les cas, ils n'empiètent jamais sur le bois sain que

» leur bec ne saurait entamer, mais ils suivent les
» veines déjà sillonnées dans tous les sens par les galeries
» des larves xyloenphuges. Ces trous ne peuvent être
» approfondis assez par le pic pour y faire sa demeure
» et y élever ses petits que dans les troncs pourris des
» arbres hors de service et encore dans ceux-ci, les
» consciencieux oiseaux rendent-ils aux forestiers d'émi-
» nents services. »

Les pics si utiles dans nos forêts et que l'on tue sans
pitié, les accusant de détruire les arbres, choisissent la
place la moins épaisse du bois, toujours au-dessous d'une
proéminence, afin que l'eau de pluie glissant le long du
tronc soit rejetée de droite ou de gauche de son trou;
l'écorce qui fait la déviation de l'eau, viendrait-elle à se
détacher par son entrée et sa sortie continuelle du'trou,
le bourrelet de recouvrement qui tente de se produire
dans le bas, en serait empêché par les griffes du pic,
tandis que dans le haut le bourrelet s'avancerait comme
un auvent qui rejette l'eau, le trou fait, l'oiseau gobe
tous les insectes qui sont dans l'intérieur du tronc,
vide le cloaque et assainit l'arbre qui est sauvé par cette
bienfaisante opération. Quelques jours après, on peut voir
au-dessous du trou, des bandes noirâtres résultant du
liquide rejeté en dehors; c'est en hiver surtout que cet
intéressant oiseau se livre à ce travail. On ne cite pas
un seul cas, où il ait percé des arbres sains, et les personnes qui auraient des doutes à ce sujet, peuvent comme
moi vérifier l'exactitude de ce que j'avance.

Les sitelles en font autant, mais elles ne peuvent
saisir les larves qu'à leur entrée dans l'écorce. Les petits
grimpereaux gris, véritables souris des arbres, au bec

allongé, effilé et recourbé nettoient les arbres forestiers de toute la vermine cachée dans les fentes et les interstices de l'écorce. L'existence des forêts dépend entièrement à mon avis de ces trois espèces d'oiseaux que l'on devrait conserver et protéger à tout prix.

On pose depuis quelques années, en Allemagne et en Suisse, des nichoirs artificiels sur les arbres ; tous les oiseaux sont respectés et protégés, mais les nichoirs n'ont pas toujours répondu aux désirs des personnes qui les font poser en vue de la multiplication des oiseaux. Ceux qui sont faits en terre cuite sont froids et donnent une température anormale ; presque toujours lisse dans l'intérieur il en résulte pour les oiseaux de la gêne ou l'impossibilité d'entrer et de sortir. De plus les matières qu'ils apportent pour faire leurs nids, plumes, crins, paille, herbes, etc., se moisissent par suite de l'humidité que les pores de la terre absorbent en temps de brouillard et de pluie. Les nids en bois sont excellents mais ils pourrissent vite au bout de 4 à 5 ans au plus, ils sont usés ; cependant en prenant du bois de mélèze on parviendrait à les faire durer au moins 15 ans. Restent les nids en ciment, faits à la main et qui sont indestructibles.

Avant de procéder, il faut connaître quelles sont les espèces d'oiseaux qui s'accommodent des nichoirs ainsi que la manière de les poser et de les fabriquer : le nombre de ces espèces serait de 15 ou 18 suivant le pays ou le plus ou moins grand nombre de vieux arbres perforés, la famille des pics offre 4 variétés, celle des grimpereaux, 3 variétés, 3 espèces de mésanges, s'accommodant des nichoirs, la grande et la petite charbonnière et

Fig. 15. — Nichoir sur l'arbre.

la mésange à tête bleue. Il y a encore les huppes, les torcols, les étourneaux, les queues rouges, etc.

Pour construire un nichoir, on prend des tuiles creuses que l'on fait tremper dans l'eau; avec une brosse en chiendent, on les frotte afin que toutes les matières en décomposition s'en détachent, les aspérités restant bien trempées et lavées, le ciment adhère parfaitement et sans retrait. Le nichoir en ciment doit être raboteux, très-difforme à l'intérieur comme (fig. 15) à l'extérieur afin que s'accrochant aux aspérités du ciment, les oiseaux entrent et sortent plus facilement. Pour les gros oiseaux, pics, étourneaux, huppes, etc., le diamètre intérieur doit avoir 17 à 18 centimètres sur une profondeur de 40 à 45 centimètres, l'ouverture placée dans le haut est de 4 à 6 centimètres de diamètre, on pose les nichoirs sur des têtards de vieux chênes ou autres arbres, ou bien on les fixe sur un appareil en fer; la hauteur au-dessus du sol doit varier de 10 à 12 mètres, ils seront cachés et si c'est possible à proximité d'un bois et d'un courant d'eau

La circonférence, y compris l'épaisseur, doit être de 65 à 70 centimètres sur 50 ou 50 centimètres de hauteur et le nid doit peser de 16 à 18 kilos. On m'a souvent fait des observations à propos de la grosseur des nichoirs, que l'on trouvait énormes; cependant la réussite dépend toujours de la profondeur et du diamètre; les oiseaux aiment à être profondément cachés, il leur faut un volume d'air relativement considérable à respirer, dans les vieux arbres troués, c'est à une profondeur de 1 mètre, voire même 2 mètres qu'on trouve leur nichée.

Les nichoirs destinés aux grimpereaux, queues rouges, mésanges et autres petits oiseaux, doivent avoir un dia-

mètre intérieur de 10 à 11 centimètres; 30 à 35 centimètres de profondeur, une circonférence de 50 à 55 ;
40 à 45 centimètres de hauteur et peser 8 à 10 kilos :
ils seront fabriqués comme les grands en ciment à prise
prompte, mélangé par moitié de sable; l'ouverture aura
3 centimètres de diamètre. On fera en bois un madrier
rond qui sera posé dans le ciment et retiré avant la
prise, puis peint en couleur de vieille écorce, et fixé
ensuite sur les arbres à fruits dans les vergers ou les jardins. Ces nichoirs, qu'il n'est pas nécessaire de cacher,
seront placés à une hauteur de 3 à 4 mètres au plus; les
moineaux ne manqueraient pas de s'en emparer s'ils étaient
plus élevés. La peinture des nichoirs n'est pas indispensable,
l'important est qu'ils soient posés presque droits, légèrement penchés du côté du tronc pour faciliter l'entrée et la
sortie et pour que l'eau ne puisse y pénétrer. Rigoureu-
sement faits dans les proportions que je viens d'indiquer,
pas un nichoir ne restera inhabité et de nombreuses
nichées débarrasseront les arbres à fruits des insectes
En Suisse, les petits oiseaux sont si familiers, que dans
les promenades publiques, ils viennent ramasser leur
provende aux pieds mêmes des promeneurs. Il y a
dans une propriété près de Lausanne, un jardinier qui
n'est pas un charmeur, cependant les rouges-gorges se
perchent, qui sur son chapeau, qui sur ses épaules, et
lorsqu'il est accroupi pour travailler à ses plates-bandes
et y mettre du fumier, ces charmants oiseaux guettent
et happent les larves.

Dans le jardin royal de Kew, à Richmond, près de
Londres, les oiseaux se considèrent presque comme les
maîtres de la localité, et à peine si les merles veulent

céder le pas aux promeneurs ; il serait bien heureux qu'il
en fût de même en Piémont, et tout particulièrement en
France où les insectes font tant de mal aux récoltes. Les
fabricants de nichoirs doivent avoir pris pour modèle
ceux que l'on met dans les cages des canaris, car très-
peu répondent aux besoins des oiseaux en pleine liberté ;
tous sont trop petits ou mal faits. Ainsi, il ne faut pas
que les gros oiseaux puissent pénétrer dans les nichoirs
des petits oiseaux.

Les pinsons et les fauvettes nichent, les premiers sur
des branches d'arbres, les seconds dans les buissons, et
ne sauraient s'accommoder des nichoirs artificiels ou des
creux de vieux arbres, pas plus que les huppes ou les
mésanges ne sauraient nicher sur des branches ou dans
des buissons. Ici encore, la nature a ses lois qui sont
immuables, et il est très-important que les personnes
qui s'intéressent à la multiplication des oiseaux, sachent
que si ceux-ci ne trouvent pas à leur portée de vieux
arbres troués ou des nichoirs artificiels, ils ne peuvent
absolument pas nicher, perdent leurs œufs ou restent
stériles, le besoin de ces nids se fait tellement sentir, que
dès qu'ils sont faits et posés sur les arbres, les oiseaux
les visitent, entrent et sortent et y déposent quelques
brins d'herbe comme gage de leur prise de possession.
C'est en avril, au temps des couvées, et en bataille
rangée à grands coups de bec, que cette prise de possession a lieu.

Si le hasard voulait que son excellence M. le Ministre
de l'agriculture, vint à me lire et à me confier la fabrication de quelques nichoirs dans les forêts de l'État, je
garantirai que pas un seul ne resterait inhabité. Serait-il

utile que l'État ou des particuliers fassent quelques
dépenses en vue de la multiplication des oiseaux, mais
ce serait en pure perte, tant qu'il sera permis de les
chasser et de les vendre sur les marchés, ce qui entre-
tiendrait le braconnage et la gourmandise. Je dis le braconnage, car je ne ferai jamais aux vrais chasseurs, disciples
de Saint-Hubert, l'injure de croire qu'ils se rendent cou-
pables d'un forfait tel que la destruction de nos oiseaux
insectivores. Tôt ou tard, le code de notre législation doit
être modifié à ce sujet: un article de loi énergiquement
appliqué et défendant la destruction des oiseaux, sera le
seul remède contre la plaie qui nous ronge et qui va
toujours en grandissant; chaque français, chaque culti-
vateur devrait comprendre que les récoltes seront dé-
truites ou nulles tant qu'il n'y aura pas d'oiseaux pour
les sauvegarder contre l'atteinte des insectes. Les insti-
tuteurs dont la noble mission est d'instruire et de mora-
liser les enfants, doivent en faire comprendre à tous
leurs élèves l'extrême importance.

Il n'y a pas à désespérer des oiseaux dont la multiplication est très-facile, c'est ainsi que dans un certain nombre de maisons de campagne, en Suisse, près de Genève,
j'ai attiré de nombreuses couvées, quelques-unes aussi
en France, mais le nombre de propriétaires qui en comprennent l'importance est si réduit que ce serait même
se compromettre à leurs yeux, que de leur offrir de poser
des nichoirs dans leur propriété.

Dans la plus petite maison de campagne, il est facile
d'attirer des oiseaux nichant dans les buissons, rossignols,
fauvettes, etc.: il suffirait pour cela d'avoir un massif de
60 à 80 mètres carrés planté en buis, charmes, orties,

hautes herbes, épines sauvages, le tout composant un fourré bas et très-épais ; dès la première année, tous ces charmants chanteurs apporteront la joie, la gaieté et le bonheur tout en travaillant comme échenilleur au grand profit des arbres à fruit, mais il leur reste un terrible ennemi, le chat. Je ne médirai pas de la pauvre chatte restant au galetas, guettant la souris, sortant quelque peu pour prendre l'air et aiguiser ses griffes contre l'écorce du sureau, ni de celle qui fait son ron-ron aux pieds de sa maîtresse sur sa molle couchette : assurément, ceux-là sont inoffensifs et ne croquent aucun oiseau. Les véritables chats sauvages ne sont pas non plus à craindre, ils manquent de finesse et se laissent facilement trompés. Dès qu'un de ces animaux s'approche du nid ou s'apprête à happer un petit oiseau déjà aux champs, le père ou la mère passe devant ses griffes comme malade et se traî-nant à peine, mais à distance pour n'être pas cro-qués, et pendant ce temps, le petit oiseau a le loisir de se mettre en sûreté, puis les oiseaux du voisinage arrivent en troupe, jettent des cris assourdissants, et le chat tout penaud est obligé de se retirer.

Il n'en est pas de même des chats demi-sauvages ou marrons, qui vivent de grenouilles, de lapins, mais sur-tout de levrauts. Cette espèce déclassée, toujours affamée, en quête de rapine et de vol, ayant quitté les toits pour rôder dans les champs, doit pour le bien de tous, être exterminée sans pitié ; dès que les oiseaux font entendre des cris plaintifs et répétés, armez-vous d'un fusil et approchez-vous à pas de loup, vous serez toujours sûr de trouver le chat blotti et aux aguets.

Les nichoirs faits à la main reviennent un peu cher,

parce qu'ils demandent plus de matière que ceux qui
sont faits dans un moule, mais ces derniers ont le désa-
vantage d'être tous uniformes ; quoique habités cependant
par les oiseaux. Le moule (fig. 16) représenté ci-dessous
et que j'ai créé l'année dernière est en cuivre rouge, il a
30 centimètres de hauteur sur 14 de diamètre ; les proé-

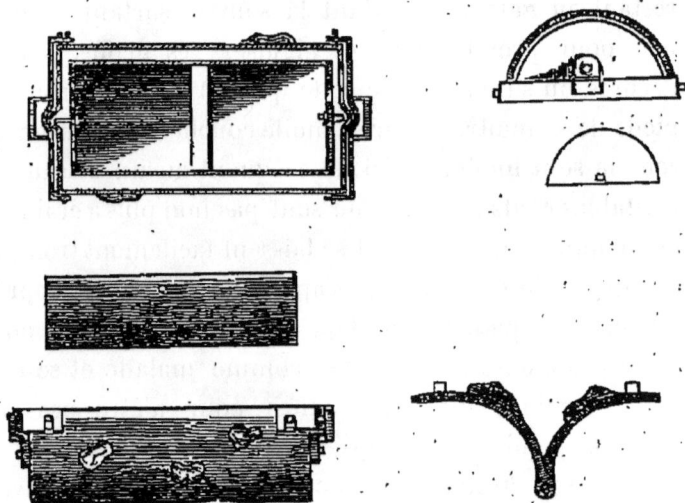

Fig. 16. — Presses à nichoirs.

minences imitant des difformités, sont faites en repoussé,
divisé en quatre parties, deux charnières à chaque divi-
sion de moitié, rejoint par les brides sur les à-côtés, le
moule ne forme plus que deux divisions que l'on frotte
avec de l'huile grasse de bon ciment à prise prompte,
de la maison Vicat, de Grenoble, mélangé d'un tiers de
sable, on mettra ensuite une quantité suffisante de
ciment gâché et l'on appliquera les presses demi-cylin-
driques que l'on aura graissées. Au moment où le

ciment commence à prendre, en deux temps, en deux mouvements, lestement et en tournant, on sort les presses, puis on laisse le ciment donner son feu et se durcir.

Pendant cet intervalle, on gratte les bords qui sont lisses et huileux ; on juxta-pose les deux divisions de ciment déjà faites, et le ciment appliqué sur les parties grattées adhère fort bien ; le trou se fait à la main : un auvent se place

Fig. 17. — Nichoir sortant de la presse.

au-dessus, trempé ensuite dans un baquet de peinture claire donne un nichoir conforme à celui-ci (fig. 17). Il est très-important pour la réussite, d'ajuster avant de juxtaposer les deux parties, de faire un grattage et de jeter quelques fragments de ciment, pour former des aspé-rités auxquelles les [oiseaux puissent s'accrocher et qui leur facilitent l'entrée et la sortie. Toutes ces données sont plus que suffisantes, pour des artistes applicateurs de ciment, qui créeront des moulures plus compliquées et plus artistiques.

La fig. 18 représente exactement la raclette dont nous parlons, page 54. Le dessin de cet instrument avait été

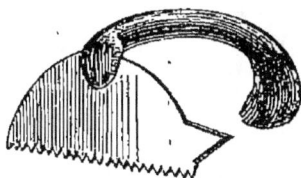

Fig. 18. — Raclette.

mal compris par le graveur, c'est pourquoi nous le re-présentons à nouveau.

Tuteur-entourage.

Ce tuteur-entourage nouvellement inventé se démonte complétement, peut s'appliquer indifféremment aux arbres qui en ont besoin. On fait des colliers de toutes les grandeurs de 5 à 15 centimètres de diamètre, il a une hauteur de 1m,90 cent. dont 25 centimètres environ se mettent dans le sol comme scellement; reste une élévation de 1m,65 cent. largeur 55 centimètres du bas, du haut 30 centimètres, le poids total de 45 à 50 kilos. Ce qui rend supérieur mon tuteur-entourage c'est sa durée indéfinie mais surtout le scellement mobile qui n'exige aucune préparation.

Toutes municipalités qui m'en feront officiellement la demande recevront un modèle de tuteur-entourage à collier mobile par le vent, scellement secret inrenversable, secret qui du reste se comprend dès qu'on l'a vu.

Fig. 19. — Tuteur-entourage.

Appareil à transporter les arbres.

Depuis 2 ans seulement j'ai fait faire pour mon usage personnel cette machine (fig. 18) à transplanter les arbres, et que depuis j'ai perfectionnée, elle est d'une puissance de 2,000 kilos. Il est nécessaire de mettre au haut de la motte 2 planches comme tendeur qui éviteront le serrement des chaînes ; les propriétaires qui m'en feront la demande, l'ancienne maison Dupuis-Dauviller, de Paris, rue Riquet 73, actuellement MM. Martin, Sabon et Albert Renault, se chargent dans les 10 jours qui suivront la commande de faire la livraison d'une machine. Je laisse ici la parole à MM. Lepinette et Rabilloud, ingénieurs à Lyon, qui se sont chargés de la demande de mon brevet d'invention.

« Les machines employées jusqu'ici pour l'enlèvement et le transport des arbres, sont des appareils volumineux, coûteux et spéciaux à cette application, qui ne peuvent être possédés que par les diverses administrations de l'État ou des grandes villes.

« Le but de la présente demande est de me garantir l'emploi et la construction d'un appareil léger, commode peu coûteux, et pouvant servir en même temps à diverses applications, ce qui en rendra l'emploi avantageux dans toute exploitation agricole d'une certaine importance.

« Il se compose simplement d'un essieu coudé A, traversé par une vis B retenu par un écrou C, dont la case sphérique incrustée [dans une cavité de même forme que l'essieu, forme rotules, et qui permet à la vis de prendre des positions plus ou moins écartées de la verticale.

10

Fig. 20. — Appareil à transporter les arbres.

« Un cadre D solidement fixé à l'essieu, porte les brancards d'attelage F, deux arcs-boutants E, assurent la position verticale du coude de l'essieu en reliant au cadre, enfin une chambrière G, sert à maintenir le chariot horizontal pendant le travail.

« La vis B porte à sa partie inférieure une traverse rigide H, dans laquelle elle ne peut tourner, et qui se termine par deux crochets doubles destinés à accrocher les chaînes qui doivent soulever le fardeau. Pour maintenir le tronc de l'arbre à transporter, le coude supérieur de l'essieu porte 2 supports I, I. recevant un demi-collier mobile que l'on peut à volonté placer à la hauteur de l'un des trois trous percés dans la branche verticale des supports.

« La fig. 20 montre l'application de cet appareil à l'enlèvement d'un arbre, après avoir creusé une tranchée circulaire, détaché la motte en poussant légèrement l'arbre en dehors de la verticale on approche l'appareil jusqu'à l'arbre, en le faisant reposer sur de forts plateaux, puis les roues étant calées et la vis descendue on passe les chaînes sous la motte et on les accroche aux crochets F. Le tronc se trouvant placé entre les deux supports I, I, on met en place le collier K, et on peut alors faire monter la vis en agissant sur les 6 pans de l'écrou c, au moyen d'une longue clef, que l'on pourrait remplacer par un levier à cliquet, semblable à celui des crics à vis ou vérins.

« L'arbre et la motte étant ainsi élevés au-dessus du sol peuvent être transportés et descendus de la même façon dans la fosse préparée pour le recevoir.

« Dans le cas d'arbres branchus de bas en haut tels que les conifères, le collier K ainsi que ses supports devront être enlevés, et l'arbre sera maintenu par une corde passée dans l'anneau I, placé à la tête de la vis. Cet anneau peut être enlevé au besoin pour laisser sortir l'écrou.

« Il est facile de voir que ce même appareil pourra servir à soulever et à transporter de la même manière une foule de matériaux ou corps pesants, par exemple les caisses d'orangeries ou de serres, soit circulaire avec la précaution pour ces dernières de fixer aux deux tiers environ de leur hauteur des agrafes pour empêcher la chaîne de glisser. Un bloc de pierre, l'extrémité la plus pesante d'une longue pièce de bois, etc.; pourront être aussi facilement soulevés ou transportés.

« En résumé, mon appareil a sur les machines employées jusqu'à ce jour, l'avantage d'une grande simplicité unie à une grande solidité due à sa construction en fer forgé et à sa disposition étudiée.

« Il a de plus celui d'être applicable à un grand nombre de travaux d'élévation ou de transport ce qui en rend l'emploi assez fréquent pour que des exploitations de moyenne importance puissent en faire l'acquisition. »

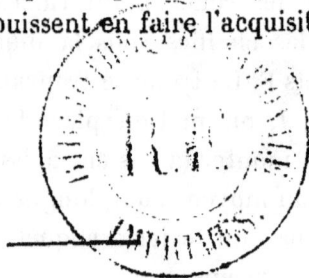

NOTA

Il a été accordé à M. Morange une large place à l'Exposition de 1878 (CLASSE 85, *Section de l'horticulture*) pour le placement des inventions qui font l'objet de la présente brochure.

M. Morange qui habitait Lyon est venu résider à Paris, il se tient à la disposition des personnes qui désireraient se procurer tout ou partie du matériel de son invention.

M. Morange se tient également à la disposition du public pour tout ce qui concerne les travaux d'élagage.

S'adresser à M. Morange, quai des Célestins, n° 30.

Paris. — Imprimerie E, LACROIX. rue des Saints-Pères, 54.

www.ingramcontent.com/pod-product-compliance
Lightning Source LLC
Chambersburg PA
CBHW072117090426
42739CB00012B/3002